一生に一度は行きたい

世界遺産150

別冊宝島編集部 編

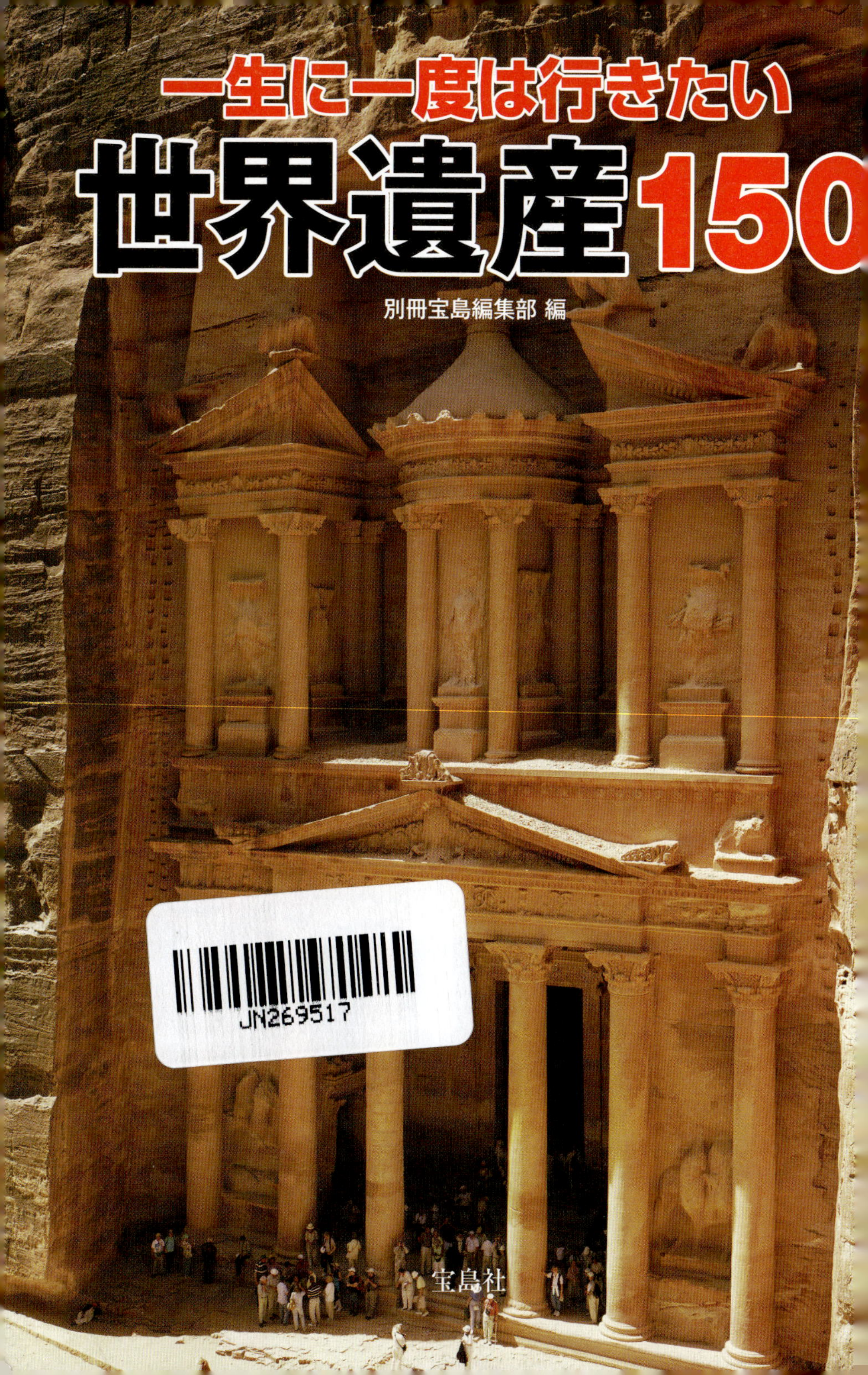

宝島社

CONTENTS

第1章 絶対行きたい人気10大スポット

第2章 “世界一”を体感できる世界遺産

第3章 人知を超えた驚異の大自然

第5章 世界の芸術的建造物たち

CONTENTS

第7章 車窓から楽しめる世界遺産

第8章 世界遺産を楽しむための情報&旅ワザ

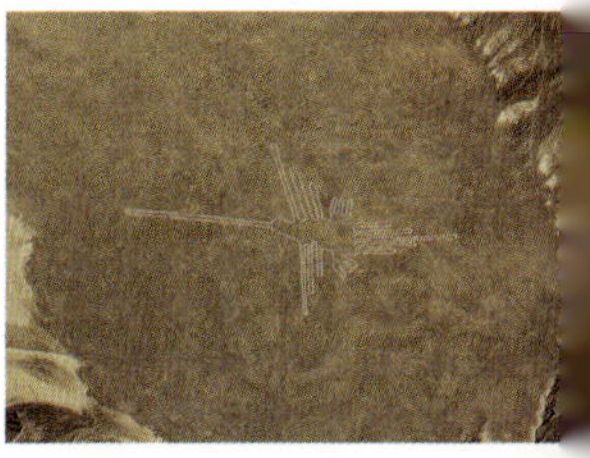

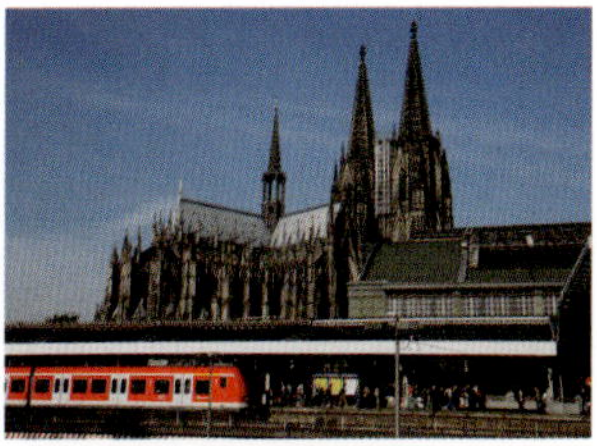

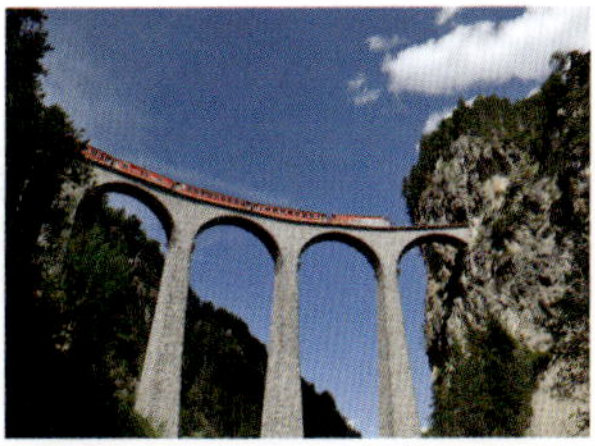

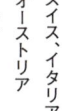

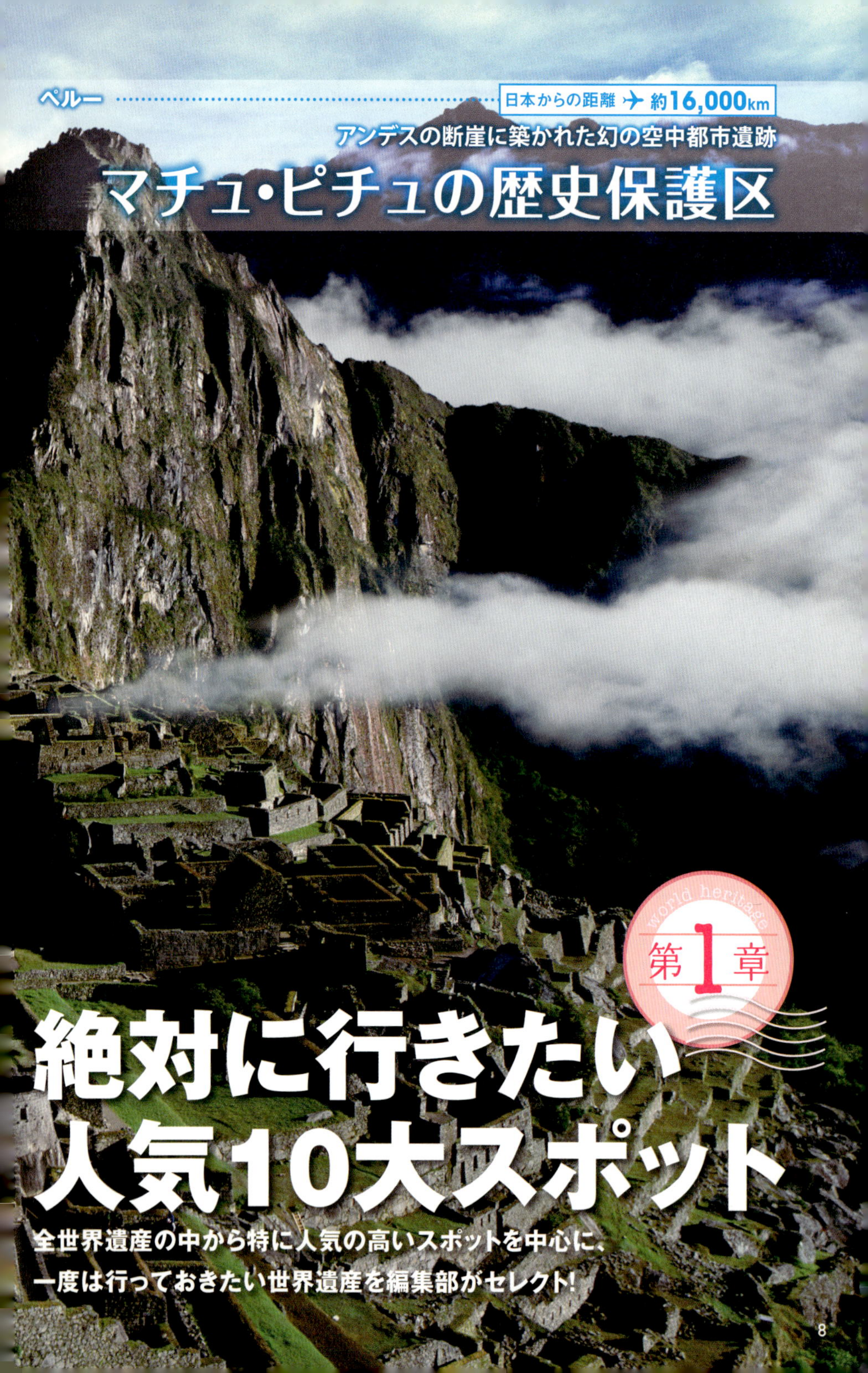

ペルー

日本からの距離 約16,000km

アンデスの断崖に築かれた幻の空中都市遺跡

マチュ・ピチュの歴史保護区

world heritage

第1章

絶対に行きたい
人気10大スポット

全世界遺産の中から特に人気の高いスポットを中心に、
一度は行っておきたい世界遺産を編集部がセレクト!

001

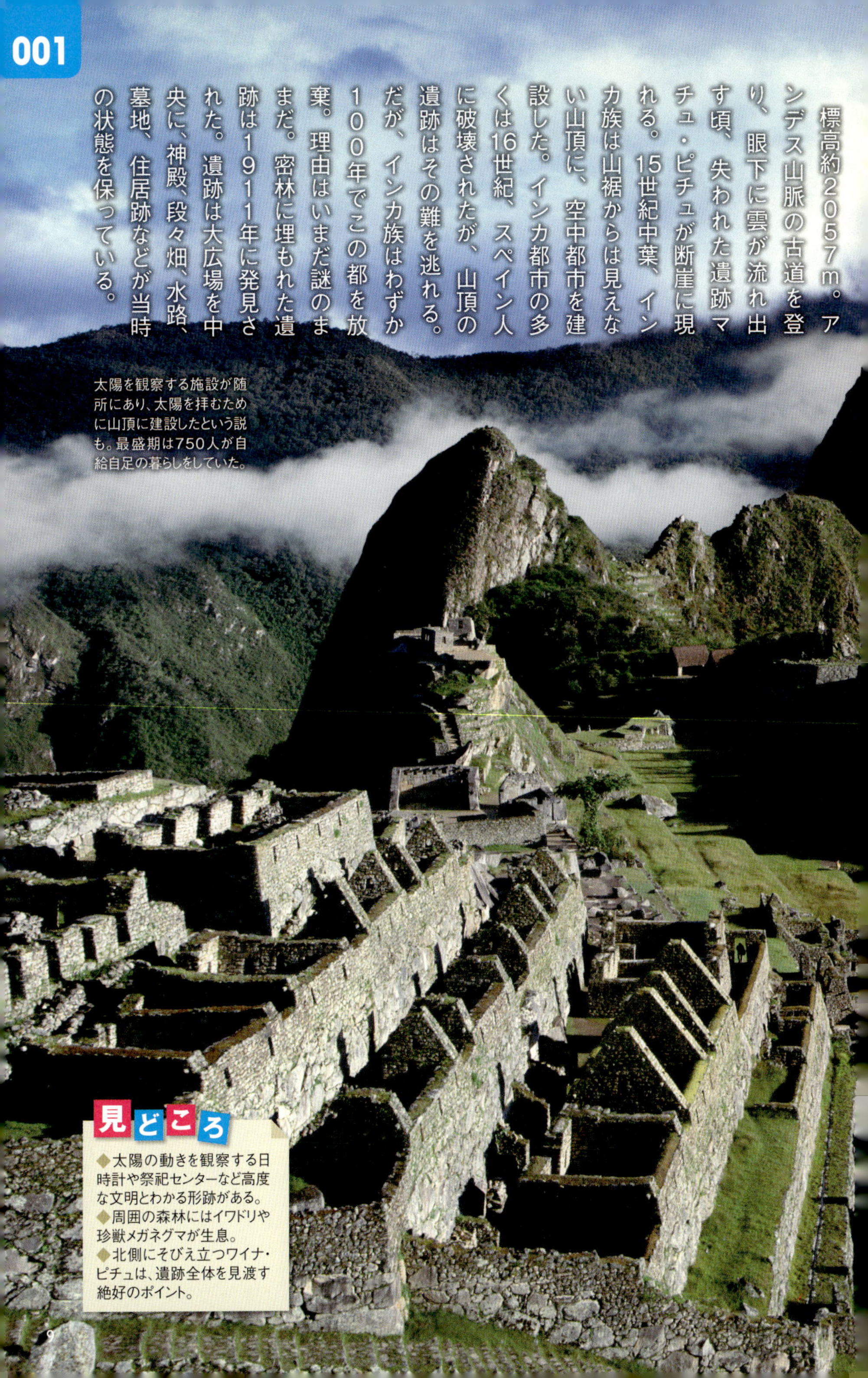

標高約2057m。アンデス山脈の古道を登り、眼下に雲が流れ出す頃、失われた遺跡マチュ・ピチュが断崖に現れる。15世紀中葉、インカ族は山裾からは見えない山頂に、空中都市を建設した。インカ都市の多くは16世紀、スペイン人に破壊されたが、山頂の遺跡はその難を逃れる。だが、インカ族はわずか100年でこの都を放棄。理由はいまだ謎のままだ。密林に埋もれた遺跡は1911年に発見された。遺跡は大広場を中央に、神殿、段々畑、水路、墓地、住居跡などが当時の状態を保っている。

太陽を観察する施設が随所にあり、太陽を拝むために山頂に建設したという説も。最盛期は750人が自給自足の暮らしをしていた。

見どころ

◆太陽の動きを観察する日時計や祭祀センターなど高度な文明とわかる形跡がある。
◆周囲の森林にはイワドリや珍獣メガネグマが生息。
◆北側にそびえ立つワイナ・ピチュは、遺跡全体を見渡す絶好のポイント。

トルコ ……………………………… 日本からの距離 ✈ 約9,000km

002

奇岩の景観とキリスト教徒が開拓した地下都市

ギョレメ国立公園とカッパドキアの岩窟群

見どころ

◆岩をくり抜いた住居にいまも人が住み、岩窟ホテルもある。
◆「キリセ」と呼ばれる岩窟教会がいまも30ほど現存し、博物館として公開。キリストのフレスコ画が鮮やかで美しい。
◆ウチヒサールからはギョレメを一望。バルーンのツアーも。

奇岩の地下には最盛期、400以上の洞窟教会や洞窟修道院が造られ、キリスト教文化の中心地にまで成長していた。

カッパドキアは、トルコ中央部のアナトリア高原にある。この平原にはキノコや煙突のような形の奇岩が延々と１００㎢にわたって続く。世界でも群を抜く奇観だ。この岩山は溶岩と石灰岩でできており、有史以前から人が岩を掘り抜いて住居としてきた。３世紀以降はローマ皇帝による迫害から逃れるキリスト教徒が大量に移り住み、あまたの地下都市を建設。住居部分は、居室、食堂、礼拝堂、ワインセラーなどが迷路のような通路で繋がっている。まるで人間が造ったアリの巣のようだ。

日本からの距離 ✈ 約4,500km

ダライ・ラマが暮らしたチベット仏教の聖地

ラサのポタラ宮歴史地区

見どころ

◆白宮はほぼ非公開、紅宮は歴代ダライ・ラマの玉座、霊塔などを見物可。どの間も極彩色の壁画で埋め尽くされている。
◆追加登録されたジョカン（大昭寺）は11世紀に再建された、ラサ最古の巨大寺院であり、巡礼地になっている。

高さ117m、東西420m、建築総面積は13万㎡を誇り、内部には2000もの部屋がある。世界最大級の城塞型宮殿だ。

中国、チベット自治区の都・ラサ。富士山とほぼ同じ標高3650mの高地にあるこの街の中心部の丘に、巨大なポタラ宮がそびえ立っている。石組と木を組み合わせた独特な複合建築が文化遺産として登録された。1645年に築城が始まり、300年かけて現在の姿に。内部は2分割され、紅宮では最高権力者ダライ・ラマが宗教儀式を行い、白宮では政務を執っていた。ダライ・ラマ14世は1959年インドへ亡命、主と僧侶を失った宮殿は現在も、博物館として人々の信仰の対象となっている。

004

ブラジル
アルゼンチン

イグアス国立公園

大地の裂け目に275の滝が集まる世界三大瀑布のひとつ

日本からの距離
約18,000km

アルゼンチン側からは「悪魔ののど笛」に近づけ、ブラジル側からは水のカーテンといわれるパノラマが。見る者を圧倒する迫力だ。

イグアス国立公園はブラジルとアルゼンチンに跨る亜熱帯の４９２㎢にわたる密林地帯で、両国それぞれの世界遺産に登録されている。名所は世界三大瀑布として名高いイグアスの滝。馬蹄形の滝幅は４０００ｍに及び、大小２７５の滝が最大落差80ｍを、水煙を上げながら流れ落ち、轟音を響かせる。最奥部の最大の滝は、原住民に「悪魔ののど笛」と呼ばれる。遠くから見ると、緑の密林から白い水が流れ落ちる美しい景観だが、間近の谷底を望む鉄橋の上からは自然のダイナミックさを堪能できる。

見どころ

◆ゴムボートに乗って、水の飛沫が舞う滝壺に突っ込むアトラクションがある。

◆滝の周囲の熱帯雨林は、ジャガー、レオパード、オポッサム、アメリカバク、金色の魚ドラドなど絶滅危惧種、希少動植物が多数生息している。

日本からの距離 ✈ 約10,000km

フランスの栄光を伝える豪華絢爛な宮殿

ヴェルサイユの宮殿と庭園

見どころ

◆ル・ノートル設計の100haのフランス式庭園は、幾何学模様が美しい。
◆宮殿から徒歩15分のところに、ルイ16世がマリー妃に贈った殿堂がある。その裏庭にはマリー妃が愛人と密会していたという美しい東屋風の建物も。

欧州に宮殿数多しといえども、最も大きく豪華絢爛なのはパリ郊外にあるヴェルサイユ宮殿。バロック建築の最高傑作とも称される。17世紀、ルイ14世が一流の芸術家を総動員、50年の歳月をかけて完成させた。その後、ルイ16世、マリー・アントワネット、ナポレオンなど歴代城主が改修し、豪華な調度品を集めた。その豪華さは度を超えている。どの部屋も色鮮やかな彫刻や装飾画が施され、柱は美しい大理石。庭園も広大で美しすぎる。まさに、フランス絶対王政最盛期の富と権力の象徴だ。

ひと際豪華な「鏡の間」。天井高75m。眩いシャンデリア、美しい壁画、壁には無数の鏡。ここでマリー・アントワネットが挙式した。

006

イタリア

地中海屈指の風光明媚な海岸線

アマルフィ海岸

日本からの距離
約10,000km

海岸の中で最も大きく美しいのがアマルフィの街。坂道と狭い路地の中に、1000年の歴史を重ねるアマルフィ聖堂がそびえる。

見どころ

- ◆マリーナ門の前の広場にアマルフィ聖堂。漁師の守護神、聖アンドレアが祀られている。
- ◆ロレンツォ通りの商店街には、地中海の名産品が並ぶ。
- ◆車で30分のラヴェッロは高台の街。アマルフィと地中海を一望することができる。

地中海沿岸のアドリア半島南岸、ソレント〜サレルノ間の40kmがアマルフィ海岸。イタリア屈指のリゾート地としても知られるこの地は、海面浸食により断崖絶壁が複雑に入り組んだ地形が特徴。その急峻な斜面には、しがみつくように白壁の家々が建てられている。降り注ぐ太陽のもと、世界一美しい海岸と讃えられる。さらに、この斜面上にはオリーブ、ぶどう、レモンなどの畑が地形をうまく利用しながら造られている。海、気候、地形、街並、畑が一体となった風光明媚な世界遺産である。

日本からの距離 ✈ 約9,000km

20億年分の大地の歴史を刻む巨大渓谷

グランド・キャニオン国立公園

見どころ

◆20の激流と呼ばれるグランド・キャニオンの急流下り。ゴムボートのツアーで楽しめる。
◆崖上から谷底までラバで下るツアーもある。寒暖差は真冬から真夏に一気に変化する。
◆渓谷内はコンドルをはじめ希少動物、希少爬虫類に出会える。

類まれな景観は、20億年の大地の隆起・堆積と、コロラド川の激流が生み出したもの。かつて、この地は陸と海を繰り返していたのだ。

様々な濃淡に彩られた赤茶色の地層が露出した世界最大の渓谷——グランド・キャニオンを目の当たりにすると、その巨大さに言葉を失う。長さは東京から盛岡に匹敵する450km、谷底と崖上の標高差は1800m。この地層は11層もあり、20億年分の地球の歴史が刻まれている。1540年、スペインの探検隊が到達したとき、彼らは「魔の谷」と恐れたという。だが、原住民にとっては母なる大地として崇拝の対象だ。崖に突き出る展望台が造られ、この壮大すぎる絶景をスリル満点に堪能できる。

008 インドネシア

日本からの距離 ✈ 約5,500km

仏教世界観を疑似体験する巨大ピラミッド型寺院遺跡

ボロブドゥル寺院遺跡群

見どころ

◆東南アジアの代表的仏教遺跡として、いまも仏教徒が参拝する聖地。芸術性の高い仏像と彫刻物が見もの。頂上の小塔の中にある仏像を触ると、幸せになれるという伝説も。

◆遺跡周辺にある2つの寺院遺跡にも美しい彫刻物がある。

メラピ火山に囲まれた深い密林にあるピラミッド型仏教遺跡。その頂上壇上のストゥーパ(小塔)群。籠のような中には釈迦の仏像がある。

インドネシアのジャワ島中部。１８１４年、深い密林と火山灰に覆われた地から英国副総督ラッフルスが偶然発見したのは、巨大な石組みの遺跡だった。ボロブドゥル寺院遺跡は、９世紀にシャイレンドラ朝によって建てられた、他に類を見ない仏教遺跡。ピラミッド型の中に空間はなく、四辺を通路と階段が取り囲み、その壁には１４６０面に及ぶ仏教画の彫刻物。通路の上には４３２体もの仏像が鎮座する。建物全体で仏教の宇宙観(本質)を示す「立体曼陀羅」になっているという驚異の遺跡だ。

パルテノン神殿は古代ギリシャ建築の最高傑作

アテネのアクロポリス

見どころ

◆ヘロド・アティクス音楽堂はいまもオペラなどが上演される。
◆市内の東北部にあるリカベトスの丘に登ると、アクロポリスや市内を一望できる。
◆ケラミコスは古代アテネの墓地。発掘された彫刻・陶器類はケラミコス博物館で展示。

アクロポリスは丘の上の都市の意。パルテノン神殿と、6体の乙女像が屋根を支えるエレクティオン神殿はギリシャ建築の傑作とされる。

古代ギリシャ遺産の象徴、アテネのアクロポリスは、石灰岩の岩山の上に築かれている。なかでも特に有名なパルテノン神殿は前5世紀に完成した。東西70m、南北30m、高さ18m。46本もあった巨大な四方を囲む柱は、上部ほど円周が小さい葉巻のような形で、また内側に微妙に傾いて建っている。この複雑な造りが人の目を錯覚させ、直線的で安定感のある美しい列柱群に見せているのだ。優れた彫刻技術と合わせ、初期ギリシャ建築の傑作中の傑作と称され、後世の建築物に多大な影響を与えた。

010

中国

九寨溝の渓谷の景観と歴史地域

チベット族の秘境に点在する輝く湖群

日本からの距離
約3,500km

透明度抜群で幻想的な五彩池は光の加減により、コバルトブルー、エメラルド、オレンジなどに変化し、この地の象徴となっている。

見どころ

◆五彩池と並び五色に変化して人気の五花海、透明度抜群の鏡海、飛沫が真珠のように見える珍珠灘(しんじゅたん)瀑布などがある。
◆九寨溝は9つの村の意だが、これらの村には伝統的な暮らしを続けるチベット族の集落も。秘境であることを感じる。

四川省の都、成都から北へ約300㎞、岷山《みんさん》山脈の奥深い秘境に、中国屈指の観光地がある。九寨溝《きゅうさいこう》の渓谷だ。標高2000m超のカルスト地形に、108の湖と沼、そしてそれらを結ぶ滝が連なっている。その湖面は巨大なエメラルドの宝石を溶かしたように輝き、幻想的な光景を生み出している。青や緑に輝く理由は、水に含まれる大量の石灰分の沈殿により異常に透明度が高いため。湖底の地形や倒木、藻がすべて透けて見え、山々が鏡のように湖面に映るのも九寨溝の湖の魅力だ。

COLUMN

新規登録の世界遺産

2012年登録の最新世界遺産を厳選紹介。

コルコバードの丘から望むリオ・デ・ジャネイロの街とグアナバラ湾の夜景はまさに絶景。

ブラジル …… 日本からの距離 ✈ 約18,500km

世界最大のキリスト像が立つブラジルの象徴的風景

リオ・デ・ジャネイロ

登録名「リオ・デ・ジャネイロ：山と海に挟まれたカリオカの景観」

ブラジルの中心的都市、リオ・デ・ジャネイロは風光明媚な入り江と岩山のある世界３大美港のひとつ。カーニバルも有名で多くの観光客が集まるが、この都市を見下ろすように立つのが世界最大のキリスト像「救世主のキリスト像」だ。街の背後に熱帯雨林が茂るチジュカの森があり、その丘にキリスト像が立てられている。像の内部は美しいモザイク装飾がある展望台。ここから見るリオの街、グアナバラ湾、チジュカの森は、まさに絶景！　これら街一帯が２０１２年に世界遺産として新たに登録された。

リオのシンボル、救世主のキリスト像は高さ約30m。世界最大のキリスト像といわれる。夜にはライトアップされ、その姿もさらに美しい。

012

300近い島々のうち、人の住んでいる島はわずか10島しかなく、それ以外の島は開発から逃れ、太古の美しさをいまだに保っている。

パラオ　日本からの距離 ✈ 約3000km

ダイバーたちに語り継がれる「最後の楽園」

ロックアイランドの南部ラグーン

ロックアイランドとはパラオ共和国のコロール島とペリリュー島の間にある200〜300の島々の総称をいう。その多くは無人島で、古代の珊瑚礁が隆起してできた石灰岩で形成されている。ロックアイランドには多くの淡水湖があり、特にジェリーフィッシュレイクは、クラゲと泳げるダイビングスポットとしてダイバーたちの間では世界的に有名だ。波に浸食された島々はキノコ型に変形。人間による開発から逃れ、太古の美しい姿をそのまま残した、まさに「最後の楽園」なのである。

013

豪華絢爛なバロック様式の歌劇場は、現在もなお、270年前の音響効果を体験できる、たいへん貴重な世界遺産である。その座席数は500席。

今も変わらぬ欧州最古の
バロック様式歌劇場

バイロイトの辺境伯歌劇場

ドイツ

日本からの距離 ✈ 約9000km

２０１２年に世界文化遺産リストに加えられたバイロイトの辺境伯歌劇場は、ドイツの37番目の世界遺産となった。このオペラハウスは、ブランデンブルク・バイロイト辺境伯であったフリードリヒの妻、ヴィルヘルミーネが音楽を愛し、建てたもので、現存するバロック様式の歌劇場としては欧州最古である。その保存状態は素晴らしく、驚くことに、建設当時のそのままの姿、そのままの音響で運営されているのだ。美しい古都バイロイトは、音楽家ワーグナーの聖地としても有名な音楽の街だ。

014

アフリカ大陸の約３分の１を占める世界最大のサハラ砂漠。その南東に位置するオウニアンガ湖は18の湖で形成されている。その湖は、テリー湖を中心とした14の真水に近い淡水湖と、ヨアン湖を中心とした４ヵ所の濃い塩水湖が地下でつながっている。塩水湖では塩分が強いため、藻やバクテリア類が、生息するのみだが、淡水湖では様々な水生動物や魚類が見られる。これは葦類が水面を覆うことで、水の蒸発が適度に保たれているためだ。２０１２年にチャドの世界遺産として登録された。

サハラ砂漠の真ん中に
点在する大オアシス群

オウニアンガ湖群

チャド

日本からの距離 ✈ 約12,000km

砂漠に点在する18の湖はまさに神秘の光景。砂漠地帯に珍しい、ミネラル分を含む地下水が水生生物豊かな生態系をつくりあげている。

第2章

world heritage

“世界一”を体感できる世界遺産

標高世界一の山、世界最大の砂漠、世界最長の防御壁など、世界遺産と呼ぶにふさわしい、様々な“世界一”を集めた。

アメリカ

日本からの距離 約8,500km

世界初の国立公園は熱水現象の宝庫

イエローストーン国立公園

グランド・プリズマティック・スプリング。緑・黄・赤はバクテリアが生み出す。中心部は高温でバクテリアが生息できず青になる。

見どころ

◆緑、赤、黄色など不思議な色の温泉や池が公園内に散在。温泉の常識が覆る。
◆公園内のローワー滝は高低差100mとナイアガラの約2倍。
◆公園内の平原は、クマ、バイソン、ヘラジカなどの大型野生生物の生息地としても有名。

イエローストーン国立公園は、ロッキー山脈中央にある世界最古の国立公園。１８７２年に、自然保護の観点から制定された。ワイオミング、モンタナ、アイダホ州にまたがる約９０００㎢という広大な公園内は、有数の火山活動エリアだが、その活動が実に多彩な熱水、地形現象を生み出す。45ｍも噴き上げる間欠泉、不思議な発色をする温泉池など、見る者を圧倒する。さらに、手つかずの美しい森林と渓谷には野生大型動物が生息。１００年以上の歴史をもつ国立公園の自然の魅力は尽きることがない。

オーストラリア

グレート・バリア・リーフ

世界最大の珊瑚礁エリアと海洋生物の楽園

澄み切ったコーラルブルーの海面が果てしなく続く。ここはオーストラリア北東の沿岸に位置する世界最大の珊瑚礁、グレート・バリア・リーフだ。総延長は2000km以上、総面積はほぼ日本と同じ大きさがある。2万年前から400種類にも及ぶ多彩な珊瑚が生成されてきた。珊瑚礁の海はダイバーの憧憬の的であると同時に、様々な種類の魚類や海生哺乳類を引き寄せる。上空を軽飛行機で飛ぶと、ジュゴン、ザトウクジラ、バンドウイルカ、ウミガメが波間を悠然と泳ぐ姿を見ることができる。

日本からの距離
約6,000km

珊瑚が水中に描き出す模様は実に多彩。また、海の色は海の深さによってターコイズ、グリーン、濃紺と変化する。白い砂浜もまた美しい。

見どころ

- ◆ハート・リーフはハート形の珊瑚礁で名物となっている。
- ◆ハミルトン島にはパウダー状の白砂が美しいホワイトヘブンビーチ。日本人に人気。
- ◆フランクランド諸島は通称「星砂のビーチ」。ウミガメの産卵地としても有名だ。

017

アルジェリア

タッシリ・ナジェール

風紋が鮮やかな世界最大の砂漠と奇岩の風景

乾燥とギラギラ輝く太陽は、置き去りにされたら死にそうな雰囲気。だが、植物や多数の絶滅危惧種が生息するオアシスも。

日本からの距離
約11,500km

見どころ

◆タッシリ・ナジェールの洞窟には、泳ぐ人、キリン、牛、馬などの壁画が多数ある。
◆国立公園内には多くの奇岩があり、地球が滅びた後の風景を彷彿させる。
◆モロッコ、エジプトから砂漠を旅するツアーが人気。

サハラ砂漠は、アフリカ大陸の北部一帯を占める世界最大の砂漠。アラビア語でサハラとは「砂漠」「荒野」を意味する。人を寄せつけない砂の迷宮といった景色だが、美しい風紋が絶景を生み出している。世界遺産に登録されているアルジェリアのタッシリ・ナジェールはサハラ砂漠最深部。標高1000mを越える山脈が連なり、奇岩、洞窟、渓谷が至るところにある高地地帯だ。ここに紀元前の暮らしを描いた岩絵が2万点も。信じがたいが、かつては人の住む肥沃で緑豊かな地であったのだ。

洞窟内は観光用の橋やライトで神秘的な絶景を味わえるが、もし光がなかったら真っ暗闇。冒険気分満点の絶景世界遺産だ。

018

スロベニア

シュコツィアン洞窟群

地底川が流れる世界最大級の地下渓谷

日本からの距離
約9,500km

見どころ

◆「ルドルフ大聖堂」と呼ばれるところには、カルスト地形特有の棚田状の池がある。
◆「大広間」には巨大な石筍（筍状の石灰堆積物）が林立する。
◆近隣には、山の斜面の洞窟の窪地に建てられたプレット洞窟城もある。

巨大な洞窟の中に入ると、薄暗い岩場の道の先に突然現れる巨大な穴。観光用の橋がなかったら地獄行き。まさに、インディー・ジョーンズの世界だ。ここはスロベニアのシュコツィアン洞窟。世界最大級の地下渓谷には、長さ５㎞、幅２３０ｍもの洞窟群がある。圧巻はドリーネと呼ばれるすり鉢状の巨大ホール。その深さは１５０ｍもあり、底にはレーカ川からの水が流れている。ダンテが神曲地獄編の着想を得たともいわれる洞窟内には、幻想的で美しい滝や湖、巨大な石筍群の広間などもある。

ネパール　日本からの距離 約5,000km

世界最高峰エベレストを擁する世界の屋根

サガルマータ国立公園

不思議な水色をしている氷河湖のチョラツォからチョラツェを望む。300座もあるヒマラヤ山脈の山々の中でも、珍しく天を突くような峰だ。

見どころ

◆近年、簡易ロッジも増え、森や湖、川を越え、エベレストのベースキャンプまで行くトレッキング客が増えている。

◆標高3500m付近は、レッサーパンダなどの希少動物、幻の花とされるブルーポピーなどの植生がある。

限られた登山家しか頂に辿り着けない、世界最高峰のエベレスト（標高８８４８ｍ）を擁するヒマラヤ山脈がサガルマータ国立公園だ。エベレストはネパール語でサガルマータ、チベット語ではチョモランマ。公園内は原住民シェルパ族の生活圏で、いまも登山隊のポーターを務める。山の入り口のルクラから山脈へはエベレスト街道という山道をひたすら歩く。デインボチエという街道沿いにある最後の村を過ぎると、樹木限界となって、眼前に氷河をまとった８０００ｍ級の頂の絶景が現われる。

中国

万里の長城

山嶺をうねりながら伸びる世界最長の防御壁

日本からの距離
約2,000km

見どころ

◆山海関《さんかいかん》は長城の東端の要塞。城楼が4つもあり、難攻不落を誇った。街には明代の趣があり、ここから、まるで山を登るように続く長城を一望できる。

◆北京郊外の慕田峪《ぼでんよく》は有名な長城観光スポット。ロープウェーもある。

壁上に凹型の銃眼が連なり、10㎞ごとに狼煙台がある。始皇帝は匈奴防衛のため造ったが、その後は各所に城が造られ交通の要衝ともなった。

前221年。秦の始皇帝が異民族の侵入防御のために造り始めた万里の長城は、渤海沿いから内陸まで約3000㎞。この長さは北海道から西《いり》表《おもて》島《じま》までの日本列島の長さに等しい。古くから「月から見える唯一の建物」ともいわれ、二重部分やすでに無くなっている部分も入れると、実に6000㎞との説も。現存する部分は明代に築かれたもので、北京近郊の部分は高さ8・5m、床の幅5・7mあり、120mごとに兵士の駐屯台がある。軍事防衛施設だが、まるで国全体を囲う国境の壁のようだ。

オーストラリア

日本からの距離 ✈ 約7,000km

白い砂浜がどこまでも続く世界最大の砂丘島

フレーザー島

見どころ

◆島全体が観光地。海岸でキャンプ、海水浴、釣り、トレッキングなどが楽しめる。
◆同島周辺の海域は、回遊するザトウクジラやイルカを見られるポイントとしても有名。
◆島には40以上もの美しい淡水湖がある。

白い砂浜と森の島。様々な形状の砂丘があり、高いところで240mにも及ぶ。いまも砂が堆積し続ける様を観察できる。

オーストラリア東部海岸沖合に浮かぶフレーザー島。南北約１２０km、東西約20kmの細長い島だが、驚くべきは全体が14万年前に形成された、砂の島であることだ。島に隣接する山脈から砂が豪雨によって海岸まで流され、さらに貿易風と海流が岩盤のあったこの地に砂を蓄積させ、やがて砂丘の島が誕生したのだ。だが、不思議なことに樹木が茂っている。砂は大量の雨水を吸収してスポンジ状になるため、樹木は根を張ることができるのだ。かつては70ｍもある巨木も生えていたという。

ベネズエラ

カナイマ国立公園

世界最後の秘境と世界一の落差の滝

コナン・ドイルの『ロストワールド』のモデルになったギアナ高地。エンジェルフォールは、下から見ると天から水が舞い降りるよう。

見どころ

◆原初の地球の姿を彷彿させる大自然。ジャングルの植物から出る色素がカラオ川、カナイマ湖を赤に染め、神秘的な景色に。

◆テーブルマウンテンのひとつ、ロライマ山はトレッキングコースあり。独自の進化を遂げた固有植物に出会える。

日本からの距離

約15,000km

南米ベネズエラ東部のギアナ高地は、人も動物も寄せつけない世界最後の秘境。断崖絶壁、標高２０００ｍ超級のテーブルマウンテンが１００も集まる崖上がカナイマ国立公園だ。この岩の大地は20億年前の地層を残すロライマ山が地殻活動の影響を受けず現存したもの。下界から隔絶された地には原始的なカエルなどが生息。この台地上に豊富に降り注ぐ雨は、蛇のような川になり、標高９７９ｍから崖下に落下。世界一の落差の滝（エンジェルフォール）の水は途中ですべて霧と化し、滝壺が存在しない。

父島の海岸と入り江はどこも美しく、展望スペースも豊富。海中では、巨大テーブル珊瑚の上をカラフルな熱帯魚が泳ぎ回る。

東京都

貴重な生態系と地形が美しい「東洋のガラパゴス」

小笠原諸島

小笠原は太平洋上にある東京特別区の30の諸島群。島に飛行場はなく、船で東京から25時間以上かかるため、大規模な観光開発は行われていない。大陸と地続きになったことがない、地殻同士が押し合ってできた地層観測上貴重な地域で、生態系的にも東洋のガラパゴスと言われる。この島の魅力は、年間を通して温暖な亜熱帯性の気候と、限りなく透明で青い海だ。周辺にはイルカやクジラが回遊。島内では固有種のバードウォッチングが人気。ウミガメが砂浜を歩く本当の自然が、この島にはある。

024

暖かい黒潮がつくる水蒸気が高い山々にぶつかり、「ひと月に35日雨が降る」と言われる降雨量が岩の島に豊かな森を育んできた。

鹿児島県

豊かな雨が育んだ巨大縄文杉の島

屋久島

　鹿児島の佐多岬から南へ60㎞に位置する、面積５００㎢の離島が屋久島。円形の島には、標高１９３６ｍの宮之浦岳を筆頭に１０００ｍ級の山々が連なり、「洋上のアルプス」の異名もある。島のシンボルとなっているのが屋久杉で、樹齢１０００年以上のスギが２０００本以上。圧巻は宮之浦岳８合目、鬱蒼《うっそう》とした森の中を４時間かけて登った先に現れる、縄文杉と呼ばれる樹齢３０００年以上のもの。朝日を浴びる縄文杉は黄金色に輝き、高さは25・３ｍ、太さは16ｍと、威容を誇る。

三霊場を結ぶ参詣道は熊野古道と言われる。小辺路、大辺路、伊勢路からなる。古代、「蟻の熊野詣」と言われるにぎわいを見せた。

和歌山県・奈良県・三重県

自然信仰の文化を伝える山岳霊場

紀伊山地の霊場と参詣道

和歌山、三重、奈良県にまたがる3つの霊場と3つの参詣道が紀伊山地の霊場と参詣道として登録されている。三霊場とは、山を聖地として修行する修験道の聖地「吉野・大峰」、神仏習合の熊野信仰の聖地「熊野三山」、真言密教の総本山「高野山」だ。山々に抱かれた紀伊山地の自然崇拝の歴史は古く、907年、宇多法皇の熊野詣に始まると言われるが、ルーツは古事記まで遡る。室町以降、信仰は貴族から武士、農民に広がり、修験者や巡礼者の憧れの聖地として、今日も歴史を刻んでいる。

026

例年1月下旬〜2月になると、沿岸一面を流氷が埋め尽くし、流氷の上を人も歩ける。アザラシやトドに出会えることも。

北海道

流氷が多様な生物を育む北の大地

知床

２ｍを超えるヒグマが木の実を求めて歩き、空にはオジロワシが飛ぶ。北海道東端の知床半島。この半島の大半と近隣海域の７１１㎢が登録された。陸と海の生物多様性が認められた、日本初の世界遺産だ。知床は流氷が接岸する世界最南端として知られるが、その流氷が多様な自然の源だ。氷が豊富なプランクトンを運び、サケやマスなどの魚類やトドなどの海洋哺乳類を育み、また川を遡上する魚がクマやキツネ、ワシやフクロウなどを支える、壮大な食物連鎖を目の当たりにすることができる。

world heritage 第3章

人知を超えた驚異の大自然

雄大かつ美しい景観から、独自の動植物の生態系を育む土地、地理的特性による自然現象まで、大自然の神秘をまとめて紹介。

デンマーク領

日本からの距離 ✈ 約8,500km

氷河期の姿を留める北極圏のフィヨルド光景

イルリサット・アイスフィヨルド

027

上空からは、氷河の大地から氷山が押し出されているフィヨルド、岩場の入り江、海水が一体となった幻想的な風景を見られる。

見どころ

◆船、飛行機、ヘリコプターの観光ツアーが充実。海に漂う氷山の形は多彩。
◆陸上からは高層ビルほどの高さがある氷山を見物できる。
◆セルメルミュートには、約4500年前のイヌイットの集落跡がある。

デンマーク領のイルリサットは、グリーンランドにある同島3番目に大きな街。ここはすでに北極圏だ。イルリサットとは氷塊の意で、この地のフィヨルドは面積4024㎢。そのうち3199㎢は氷河でできている。なかでもクジャレク氷河は、標高1200mの高さの山の斜面から海に注ぐ巨大氷河で、注がれる氷河が進む距離は1日に19mと世界最速。海に押し出された氷河は氷山となって北極海に漂っていく。氷山の製造元だ。およそ1万年前に終わった氷河期。その当時の姿が、ここにある。

フランス領 日本からの距離 ✈ 約6,500km 028

世界最大級の礁湖が広がる「天国にいちばん近い島」

ニューカレドニアのラグーン

登録名「ニューカレドニアのラグーン:リーフの多様性とその生態系」

輝く太陽、コバルトブルーの海、白亜の砂浜が美しい。ニューカレドニアのラグーンは世界最大規模で、長さ1600km、面積2万3400㎢にもなる。

見どころ

◆北部東海岸は奇岩や滝が連なる太古の奇観が観察できる。
◆クジラやジュゴンを観察するツアーも人気。
◆最後の秘境といわれるマレ島。ヤシの木が茂る砂浜から海に入ると、シュノーケリングで熱帯魚や珊瑚礁を観察できる。

小説『天国にいちばん近い島』の舞台として有名なニューカレドニア。世界遺産登録の根拠は、世界有数の珊瑚礁群だ。ラグーン（礁湖）とは、珊瑚礁の島によって囲まれた海水の湖のこと。その中にある珊瑚礁群は、世界に類を見ない美しさを持ち、すでに化石化した古代の珊瑚礁から、現在も成長を続ける造礁珊瑚まで、様々な年代の珊瑚礁が積み重なる。実際、海に潜ると、毛細血管のような模様の珊瑚礁や複雑な形の海底洞窟が多数ある。島の上も海底も、「太古の楽園」といった風景だ。

029

多彩な固有種の動植物が
生息する原始の島

タスマニア原生地域

オーストラリア

日本からの距離 ✈ 約8,500km

タスマニア島はオーストラリア最大の島。氷河の作用で、山脈、渓谷、湖、沼地、湿原、滝、鍾乳洞など、原初の特異な自然環境をもっている。

オーストラリア東南沖に位置するタスマニア島は、いうならオセアニアのガラパゴスだ。５つの国立自然公園と総面積１万４０００㎢に及ぶ原生林が世界遺産に登録されている。樹齢数千年を越える原生林には、高さ90mのユーカリ、ブナ、イトスギが鬱蒼と生い茂り、肉食有袋類タスマニアデビル、オポッサム、ウォンバッド、カモノハシ、フクロネコなど、独自の進化を遂げた固有希少動物が生息する。また、１万年以上前の氷河期の人類が描いた岩絵が残るジャズ洞窟や石器もある複合遺産だ。

030

ニューヨークから南東へ約１０００㎞。大西洋上に浮かぶ約１５０の島々からなるバミューダ諸島はイギリス領。近くに、船や飛行機が消えるという伝説のバミューダトライアングルがあるが、古くから大西洋のリゾート地としても知られる。エメラルドグリーンの海、白い砂と岩場の海岸は、まさに大西洋の楽園。だが、海岸線には18世紀に建てられた要塞の遺跡が多数残っている。ここは新大陸アメリカにおける、イギリス最初の植民地。セント・ジョージは軍事拠点として貿易も担っていたのだ。

イギリス植民地の歴史を伝える
大西洋の楽園

バミューダ島

**登録名「バミューダ島の古都
セント・ジョージと関連要塞群」**

イギリス領

日本からの距離 ✈ 約12,000km

ホテルのプライベートビーチも多く、魚、植生、海とカリブを思わせる美しさ。海岸には、ほとんど使われたことがない要塞と砲台がいまも残る。

カヴァルニー圏谷の景色。圏谷とは、氷河の浸食作用によって形成されたお椀状の谷。落差400m以上のグラン・カスケードの滝も絶景。

スペイン
フランス

ピレネー山脈ーペルデュ山

緑と雪を被った岩山が同居する美しい山脈

日本からの距離
約10,500km

見どころ

◆カヴァルニー圏谷は絶壁、滝が望める地点までハイキングが楽しめる。
◆ピレネーの山里の村々は、絵画の世界のような美しさ。なかでも、コルド・シュル・シエルは、『天空の城ラピュタ』のモデルになった街とされる。

緑の楽園と称され、文豪ヴィクトル・ユーゴーがその自然美を絶賛したというピレネー山脈。フランスとスペインの国境にまたがるエリアが世界遺産に登録されている。ツール・ド・フランスのコースとしても知られるが、一帯は古くからいまに至るまでヤギや牛の遊牧生活が営まれている。心が癒される、ヨーロッパ随一の美観だ。その中央部に位置するのが、ピレネーで3番目の標高3352mのペルデュ山。氷河が削った岩山の頂には雪が積もり、渓谷や滝の風景に加え、緑豊かな草原や森が展開する。

日本からの距離 ✈ 約6,500km

海に流れる溶岩を観察できる驚異の火山

ハワイ火山国立公園

見どころ

◆キラウエアのカルデラ内はヘリコプターツアーで観察可能。
◆キラウエア・イキ展望台はハワイ最高峰マウナロアを見渡せる絶景ポイント。
◆サーストン・ラバ・チューブという溶岩が流れ出ることでできたトンネルの観光も人気。

いまも噴火するキラウエア火山。ゆっくり流れる溶岩が固まり、長い年月が平坦な水深6000mの海底から標高4000mを越える山を生み出した。

世界の火山のなかで、最も活発に活動し続ける火山として知られるのがハワイ諸島にあるキラウエア山だ。現在も断続的に噴火し、溶岩が固まった漆黒の大地の上を燃える炎のような溶岩が流れ出ている。ハワイ火山が特異なのは、溶岩の粘性が低く、流れが計算できるため、火口にかなり近づいて噴火を観察できること。火山学者の格好の研究対象であると同時に、噴火見学ツアーも。溶岩の一部は水蒸気を立てて直接海に流れ込む。こうしてハワイ島はいまも姿を変えながら、拡大し続けているのだ。

山水画の世界が展開する雲海と奇峰の景勝地

黄山

見どころ

- ◆ロープーウェーで峰上に登ると景色は絶景。雲海を見るには山上の小屋に1泊したい。
- ◆安徽省南部に明・清代から残る古民家群（古村落）があり世界遺産登録されている。
- ◆黄山東部の翡翠谷景区には色が無限に変化する池がある。

この地形は氷河と風と雨が1億年をかけて花崗岩を浸食し、生み出したもの。奇妙だが抜群の山岳美として心を掴んで離さない。

古代から中国で「黄山を見ずして、山を見たというなかれ」と言われ、李白、杜甫が愛した景勝地。安徽省南部、長江下流に位置し、１０００ｍ級の断崖絶壁の峰が72ほど連なる。その特徴は雲海、奇松、怪石、温泉の「黄山四絶」と称される。

雲海とは海のように広がって見える雲。その上に峰の頭が島のように浮かぶ。また、なぜか岩から突き出る松は、まるで巨大な盆栽のように特異な形。岩の形状も複雑怪奇。これらの光景は、まさに山水画の世界。中国にとって、文化上も大切な山なのだ。

034

オーストラリア

日本からの距離 ✈ 約8,000km

青く霞むオーストラリアのグランド・キャニオン

グレーター・ブルー・マウンテンズ地域

見どころ

◆断崖までは、深い森の中をハイキングする、ブッシュウォーキングが楽しめる。
◆ジャミソン渓谷に、スリーシスターズと呼ばれる3峰の奇岩がある。
◆同渓谷の谷底まで急こう配を下るトロッコ列車が人気。

壮大な絶壁の下には、ユーカリの樹海が広がっている。渓谷、滝、湿原、草原などもあり、動植物も多い豊かな森が形成されている。

オーストラリア南東部にあるブルー・マウンテンズは、その地形からオーストラリアのグランド・キャニオンと称される。氷河が削り出した絶壁の高さは１３００m近くにも及ぶ。だが、グランド・キャニオンと異なるのは、断崖も谷も全面が緑、１０３万haもある森となっていることだ。森には高さ30m超のユーカリの木が林立。不思議なことに、森の上の大気まで青く霞んでいる。これはユーカリに含まれる油が気化し、空気が太陽反射で青く見えるため。まさに青で埋め尽くされた森と山だ。

日本からの距離 ✈ 約7,000km

アボリジニの精霊が宿る巨大な一枚岩

ウルル-カタ・ジュタ国立公園

見どころ

◆1300kmの園内には、アカカンガルーやフクロモグラ、巨大なトカゲなど、多くの哺乳類、鳥類、爬虫類が生息している。
◆エアーズ・ロック(ウルル)は道が整備され登山ができる。
◆マウント・オルガ(カタ・ジュタ)の洞窟ツアーが人気。

地上に見えるのは一部で、地下には6000mの岩が眠っている。朝日と夕日に照らされ、濃い赤に染まる光景がいちばん美しい。

オーストラリア大陸のほぼ中央、広大な半砂漠地帯に巨大な一枚岩が忽《こつ》然《ぜん》と現れる。その高さ348m、周囲は9400m。鉄分を多く含んだ岩は、太陽の光によって赤、茶、紅色などに変化する。この岩は1万年以上前からアボリジニがウルルと呼ぶ聖地だ。この岩の西30km先に、アボリジニのもうひとつの聖地、カタ・ジュタがある。ウルルより大きい巨大ドームのような岩山が36も連なる壮大な岩山群だ。アボリジニは、この聖なる山で太古から岩絵を描き、洞窟では儀式を行ってきた。

036

蜂の巣に似た
秘境の奇岩群

パーヌルル国立公園

オーストラリア

日本からの距離 ✈ 約6,000km

車でアクセスできるのは、道路が利用可能な乾期のみ。見知らぬ惑星に来たような感覚。オーストラリア最後の秘境といわれる。

西オーストラリア州キンバリー地方にある広大な岩と砂の大地。パーヌルルは、80年代まで原住民アボリジニしか立ち入らなかった秘境中の秘境だ。オレンジや茶色、黒の縞模様の砂山が延々と広がるが、一際奇観なのがバングル・バングルというエリア。アボリジニの言葉で砂の岩の意味だが、その砂岩がコブのようになり、まるで蜂の巣のような円錐形になっている。約3億5000年前の古生代デヴォン紀から流れる河の底に砂が堆積していき、地殻変動と風化によって形成されたものだ。

037

マレーシアのボルネオ島北部にあるキナバル山。東南アジア最高峰を誇るこの山は麓から中腹は豊かな森だが、山頂付近に至ると、荒涼とした花崗岩の岩肌が剥き出しの地形となるのが特徴だ。下から熱帯雨林、針葉樹林、高山植物と順に植生を変える。熱帯雨林帯には開花すると、花びらの直径が1mになる世界最大の花ラフレシア。ランは1000種類以上もあるという。また、森の人オランウータンなどの哺乳類、珍しい蝶、鳥類も多数生息。日本では味わえない登山ができる魅力的な山だ。

珍しい植生の森から
岩肌の頂上に至る東南アジア最高峰

キナバル自然公園

マレーシア

日本からの距離 ✈ 約4,000km

平坦な岩肌のこの地が頂上（標高4101m）のローズピーク。至るところに尖った岩が突き出ており、ボルネオの密林を見渡せる。

大型恐竜の化石が眠る荒涼たる奇岩の渓谷

恐竜州立自然公園

見どころ

◆ティレル古生物学博物館には、発掘された化石から復元模型まで、まさに恐竜のテーマパーク。また、公園内では発掘ツアーも人気。

◆公園内には草木が茂る一帯もあり、ミュールジカやイヌワシなどが生息している。

1億4400万年～6500万年前の白亜紀の地層が剥き出しになっている。これら岩山の地層の中に、恐竜から魚類、両生類などの化石がある。

カナダ南西部に、乾燥した岩山の台地がある。バッドランドと呼ばれる荒涼たる地は、まるで火星に迷い込んだかのような雰囲気。だが、この地に潜んでいるのは宇宙人ではなく、恐竜の化石。恐竜（ダイナソール）州立自然公園は、世界で最も多く恐竜化石が発掘されているとされる地帯。1890年代から大規模な発掘調査が始まり、現在までに25種、60体以上の恐竜化石が発見されている。有名なティラノサウルスから巨大翼竜まで、ここは隕石衝突前まで、大型恐竜たちの王国だったのだ。

日本からの距離 ✈ 約8,500km

滝と絶壁が迫るフィヨルドの壮大な景色

西ノルウェーフィヨルド群

登録名「西ノルウェーフィヨルド群-ガイランゲルフィヨルドとネーロイフィヨルド」

見どころ

◆イランゲル村や観光船から美しい滝の絶景が見られる。フェリー乗り場まで、絶景の斜面を走る山岳鉄道や絶景ルートを走るバスが充実している。

◆ガイランゲルフィヨルドの周辺には、標高1000m超の展望台が数カ所ある。

ガイランゲルフィヨルドの最奥部の街。両岸に向かい合って流れる「求婚者の滝」、「7姉妹の滝」など印象的な滝も多数ある。

氷河がゆっくり山から流れると、U字谷が形成され、海水が入りこんだ谷がフィヨルド地形。ノルウェーの西海岸はフィヨルド地形として有名だが、なかでも最も美しいといわれる２つが世界遺産に登録されている。ネーロイフィヨルドは名前の通り、幅は狭いが長さは２０５㎞と世界最長のフィヨルド。その両岸は高い山々に囲まれ、ボートからは水面に山々が映る絶景が楽しめる。ガイランゲルフィヨルドは、湖のようになったフィヨルドの最深部。美しい村にあるノルウェー屈指の観光スポットだ。

トルコ

ヒエラポリス・パムッカレ

白亜の温泉を抱えるローマ時代のリゾート地

日本からの距離
約9,000km

アナトリア高原の西部に、白亜に輝く棚田状の温泉が一面に広がり、35℃の温泉水はエメラルドブルー――この魅惑的な温泉パムッカレは、上部から湧き出る石灰分を含む水が造り出した自然の造形美だ。綿の産地でもあったことから「綿の城」とも呼ばれる。この傾斜地の上には、紀元前１９０年に建都され、その後ローマ帝国に引き継がれた古代都市遺跡ヒエラポリスがある。１万５０００人を収容する野外劇場からアポロ神殿、大浴場など壮大なローマ遺跡が保存状態よく残されている。

見どころ

◆ハドリアヌス帝が2世紀に建立した野外劇場は往年の形がわかる状態。観客席の上部に立つことができる。
◆一部石灰棚の中を歩くことができる。まるで雲の上に浮かんでいるような感覚だ。また、最下層には温水プールも。

温泉に足湯程度に浸かれる。古代ローマ人と同じ湯に浸かれると思うと感慨深い。ローマ時代、ここは一大リゾート地だったのだ。

白亜の石灰棚とエメラルドの水景群

黄龍の景観と歴史地域

見どころ

◆黄龍溝の五彩池の湖畔には明時代に建てられた黄龍中寺がある。ここからの景観が絶景だ。
◆牟尼溝には中国一の落差93.2mを誇るザーガ瀑布が。
◆四川省には500頭のパンダが生息。保護区の繁殖センターでパンダと触れ合える。

黄龍の石灰華段丘は世界最大規模。白亜の石灰棚にエメラルドグリーンやコバルトブルーなど5色の湖があり、透明度も高い。

九《きゅう》寨《さい》溝《こう》よりさらに標高を上げ、3100〜3600mのカルスト台地上を7㎞に連なる神秘の絶景が黄龍だ。黄龍溝、牟《む》尼《に》溝、雪宝頂、丹雲峡、紅星岩、四溝の風景区を指す。石灰岩層が氷河に浸食され巨大な峡谷を生み、石灰分豊富な水が流れ続けたため、石灰華段丘をはじめ、黄金色に輝く石灰華の層や滝、谷が生まれた。それらが連なって、山脈を昇る黄色い龍の姿に見えることから命名された。最奥部にある石灰華段丘の五彩池は、700もの石灰棚をもち、その大きさと美しさに魅了される。

日本からの距離 ✈ 約9,500km

芸術的な山岳景観を誇るアルプスの峰々の絶景

ドローミティ

標高2000～3000m級の峰々が連なる。最高峰は大氷河のあるマルモラーダ（標高3344m）。アルプス登山家のメッカだ。

見どころ

◆ドローミティへの玄関口であるボルツァーノは美しいリゾートタウン。ロープウェーでアルプスに登り、ハイキングやスキーを楽しめる。

◆メラーノは、ミネラルと放射能を含む温泉で古くから保養地として知られた街。

イタリア北東部、東アルプス地方に位置するドローミティ山群。アルプスの麓の緑が美しい田舎街の背後に、急峻な峰々の連なる石灰岩の山々がそびえる。高山の山岳景観として、世界有数と讃えられるエリアだ。氷河、絶壁、深い渓谷の絶景に加えて、山群の中腹には針葉樹の豊かな森があり、青く澄んだ湖、温泉、牧場などもある。ロープウェーも整備され、登山の上級者から初級者、スキー客まで、観光客を多く惹きつける。09年に世界遺産に登録され、日本からの旅行者も増えている。

世界一美しい散歩道といわれる大自然の絶景地

テ・ワヒポウナム ―南西ニュージーランド

見どころ

◆フィヨルドランド国立公園には、巨大なフィヨルド「ミルフォード・サウンド」がある。大自然が創った芸術といわれる。
◆同公園内のトレッキングコースは、山、渓谷、氷河、森、湖が展開する「世界一の散歩道」といわれる。

急峻なマウント・クックと山並が美しいプカキ湖の海面に映る。山の中には、南半球最大級の大きさのタスマニア氷河がある。

ターコイズブルーの湖の背後に標高３０００ｍ級のサザンアルプスの山々が連なる。氷河が生み出した山岳景勝地として有名なニュージーランドのテ・ワヒポウナム。総面積２万６０００㎢に及ぶ４つの国立公園からなる自然遺産には、標高３７６４ｍのマウント・クックを始め、フィヨルド、氷河、Ｕ字形渓谷、湖といったダイナミックな絶景が広がっている。飛べない鳥キーウィなど希少な固有生物や植生が多いのは、この地がゴンドワナ大陸だった時代のままの環境をいまに残す証だ。

日本からの距離 ✈ 約7,500km

北極圏ラポニア地域の夜空にたなびく光のダンス

ラポニアン・エリア

見どころ

◆ラポニア地域のさらに北にあるキルナの街にオーロラ研究所やアイスホテル。オーロラ観光の拠点になっている。
◆ラップ人のトナカイの放牧がいまも行われている。サーメ人（ラップ人）文化体験などのツアーも人気。

刻一刻と、形と色を変えていくオーロラ。その神秘さは感動モノだ。北極圏のこの地には、手つかずの肥沃な大地が展開している。

サンタクロース伝説で有名なスウェーデンのスカンジナビア半島北部北極圏のラポニア地域。5000年前からラップ人（アジア系少数民族）がトナカイの狩猟や放牧で暮らしてきた。一帯は氷河地帯だけでなく、渓谷、山岳地帯、ツンドラ、湿地帯と、肥沃な環境のもとヒグマやヤマネコなども多く生息している。自然環境に加え、このエリアの驚異は、夏は太陽が沈まない白夜、冬は高い確率で夜空にオーロラが舞うことだ。妖しく美しい光の帯を目の当たりにすると、人生観さえ変わるという。

青白い巨大氷河が崩落する大氷河地帯

ロス・グラシアレス

見どころ

◆気温が上がる夏に、マガジャネス半島の展望台からペリト・モレノ氷河の崩落を間近に見られる。
◆公園観光の拠点エル・カラファテ近郊には自然豊かなニメス湖や先住民の壁画が残る洞窟プンタ・ワリチュなどがある。

氷河が青白いのは、雪を押し出す圧力が気泡を排して透明度を増し、青い光だけを反射するため。間近で見ると、より美しく迫力がある。

青白く輝く巨大氷河の切先が轟音とともに崩れ落ち、水飛沫《しぶき》を上げる。アルゼンチンのパタゴニアにあるロス・グラシアレス国立公園。アンデス山脈の麓であるこの地に、南極、グリーンランドに次ぐ世界3位の大きさの氷河帯がある。2万年もの歳月をかけて山に降り積もった雪が海に押し出されて生み出された氷河だ。その中で最も美しいと言われるペリト・モレノ氷河（250万㎡、高さは170m）は、1日に中央部で2m、端部は40㎝も動く。この動きの差が裂け目を生み、大崩落に至るのだ。

046 ドミニカ国

日本からの距離 ✈ 約14,000km

噴気孔、温泉湖が点在するカリブの植物園

モーン・トロワ・ピトンズ国立公園

見どころ

◆ホバリングして花の蜜を吸うハチドリなどの鳥類、ヘラクレスオオツノカブトムシ、ナナフシなどの昆虫も多数生息。
◆透明度の高い湖や滝、針葉樹の森のハイキングが楽しめる。また、海岸は美しいカリブ海のトロピカルリゾート。

エメラルド色の湖、鬱蒼と生い茂る熱帯雨林、至るところから湧き上がる温泉水の蒸気。美しい熱帯の楽園のような景観を生み出している。

ドミニカ国は中米カリブ海北部にある小さな島国。首都ロゾーにほど近い広さ約70㎢の熱帯雨林の火山地帯が、同国唯一の世界遺産に登録されている。トロワ・ピトンズとは、3つの先端の意味で、標高1342mのトロワ・ピトン山を含め5つの山がある。すべて火山のため、同公園内には約50の噴気孔や、沸騰した温泉水が湧き出す大きな円形をした湖などが存在する。また、カリブの植物園と称されるほど植生が豊か。バナナの木や高い針葉樹が茂り、地表はシダ、コケ類に覆われている。

クロアチア 047

プリトヴィッツェ湖群国立公園

不思議な造形美を見せる階段状の湖と滝

不思議な地形に加え、湖の透明度が抜群。太陽光によって緑から紺、藍、水色、灰色と変化し、冬には空中で滝の水が凍る。

見どころ

◆公園内の森はアルプスと地中海両方の植生が鑑賞できる。
◆近隣の森にはヨーロッパ種のヒグマやオオカミが生息。
◆近隣のアドリア海の港町スプリットは、ローマ皇帝ディオクレティアヌスの宮殿跡が旧市街になった文化遺産の街。

日本からの距離
約9,500km

鬱蒼とナラの木が生い茂る山の斜面にある湖が滝で結ばれている。世界七不思議とも言われるこの自然の造形美は、クロアチアの南、ボスニア・ヘルツェゴビナ国境近辺にある。標高639mのプロシュチアン湖から133m下の泉まで階段状に16の湖と92の滝で構成される。この地形は世界遺産ではお馴染みの石灰岩のカルスト台地が造る棚田構造だが、森林の中にあり規模も巨大。透明な湖にはマスの群れが泳ぎ、滝の最大落差は76mも。大昔から幻想的な景観として人々を惹きつけている。

048

秘境の熱帯ジャングルの地下に
巨大洞窟群

グヌン・ムル 国立公園

マレーシア

日本からの距離 ✈ 約4,500km

熱帯雨林のジャングルの地下には、スコールが形成した巨大鍾乳洞や入口の大きさが100m以上もある洞窟がある。まさに秘境。

ボルネオ島はサワラク州、バラム川沿いあるグヌン・ムル国立公園。標高2377mのムル山を筆頭に、3山が連なるジャングルだ。少数民族の村も残る先にある公園の目玉は、総延長が300km以上（すべてはまだ調査されていない）もある世界有数の洞窟群。なかには奥行800m×幅120m、高さ150mという巨大ホールがある洞窟も。グヌン・ムルとは熱帯特有の硬木の山という意味。以前まで川を延々と旅する秘境中の秘境だったが、いまは飛行場と観光用道路、ツアーが整備されている。

049

オーストラリア中央北端のカカドゥ。4つの川が流れるこの地は、雨季に川が氾濫、広大な水溜りとなるが、乾季を迎えると川はやがて消滅、一面は湿原に変化する。この氾濫原の海側には干潟、内陸側には熱帯雨林、灌木林、草原、乾燥した岩の丘陵地帯がある。そんな多様な環境の公園内は、人食いワニ（イリエワニ）やサギなど鳥類の一大生息地であると同時に、4万年も前から原住民アボリジニが暮らしていた。毎年5月になると、荒れた天気が青空に輝く日々に変わり、観光シーズンを迎える。

洪水と乾燥を繰り返す氾濫原は
動物と原住民の楽園

カカドゥ 国立公園

オーストラリア

日本からの距離 ✈ 約5,500km

雨季が終わると、ヤシが茂る湿原、さらに乾燥地に変化する。乾季に入った直後の水が残る時期に、ダイサギや貴重な鳥類が多く見られる。

ヨセミテ国立公園

美しい山脈と氷河が生み出した奇岩群

公園の総面積は3081㎢に及ぶが、中心はヨセミテ渓谷。巨大な奇岩と多様な生物が生息することで有名。ほぼ公園全域が原生林地帯だ。

日本からの距離
約8,500km

見どころ

◆公園の南側には樹齢2700年、高さ60mに及ぶジャイアント・セコイアの森がある。
◆氷河で側面が切り取られたハーフドーム（奇岩）は圧巻だ。
◆アメリカの国鳥として有名なハクトウワシはこの公園に生息し、保護対象になっている。

4000m級のシエラネバダ山脈のパノラマは、アメリカでも屈指の美しさ。植物学者ミューアはこの地に魅了され、自然保護に人生を捧げた。全長13㎞に及ぶヨセミテ渓谷に始まり、北米一の落差を誇るヨセミテ滝、氷河が造りあげた氷食谷、世界最大の一枚岩エル・キャピタンなどの絶景が連なる。また、植物分布、哺乳類、鳥類の一大生息地としても有名で、春先には無数の花々が咲き乱れ、コヨーテやシマリスが走り回る。誰もが保護運動をしたくなるような自然の姿が、ここにある。

051

マダガスカル

古生代の台地に林立する動物も住めない針の山

チンギ・デ・ベマラ厳正自然保護区

カミソリのような岩の高さは30mも。まさに奇岩の景観。この島は、地形も植物も哺乳類も独自の形態、植生。太古の世界を彷彿とさせる。

見どころ

◆ムルンダヴァに幹の太いバオバブの木の並木道がある。
◆狐のような顔に長い尾をもち、横跳び移動するワオキツネザル、世界一小さい霊長類ピグミー・ネズミ・キツネザル、童謡でなじみのあるアイアイなどが生息することで有名。

日本からの距離
約**11,500**km

アフリカのマダガスカル島西海岸エリアの台地に、カミソリ形の岩が林立するエリアがある。チンギ・デ・ベマラ保護区だ。地名は「動物も住めない土地」という意味で、古くから冒険家や科学者の進入を拒んできた。歩いて渡ろうとすると、尖った岩肌で怪我をするという。では、なぜ石灰岩がカミソリ形になったのか？　それは数万年に及ぶ雨による浸食の結果だ。実際、海岸に面する岩場には、雨の滴の流れが溝となったような岩が見られる。森には、原猿類に属する貴重な哺乳類が生息している。

052

ザンビア
ジンバブエ

水煙が宙に舞う大迫力の瀑布

モシ・オ・トゥニャ／ヴィクトリアの滝

日本からの距離
約13,500km

毎分5億ℓという膨大な流れる水が岩肌を浸食し、滝壺は徐々に上流へ移動している。80㎞下流に20万年前の滝壺跡がある。

見どころ

- ◆乾燥地帯だが、滝の水煙の湿潤で、滝周辺には多様な植物が繁茂する。
- ◆滝の真上に「デヴィルズ・プール」というスリルを味わえるプールがある。
- ◆軽飛行機で空から滝を眺める圧巻のツアーが人気だ。

アンゴラとザンビアから発し、インド洋へ至る２７００㎞のザンベジ川の中流に、世界三大瀑布のひとつがある。原住民マコロロ族は、この滝をモシ・オ・トゥニャ（雷鳴の轟く水煙）と呼ぶ。落差は１０８ｍもあるが、水煙は天空まで昇り、幅１７００ｍに及ぶ滝全体を覆い隠してしまうほど。まるで雲の発生装置のようだ。この滝は１８５５年イギリス人探検家・リヴィングストンが発見。女王に因み「ヴィクトリアの滝」と命名した。近年まで超秘境だったこの地は、今日では一大観光スポットだ。

日本からの距離 ✈ 約8,000km

ロッキー山脈と大平原が出会う絶景

ウォータートン・グレーシャー

登録名「ウォータートン・グレーシャー国際平和自然公園」

見どころ

◆夏場は、風光明媚なボートクルージング、野生動物を見ながらのトレッキング、乗馬、渓谷の冒険などのアクティビティを楽しめる。
◆ウォータートン・レーク国立公園には、幻想的な真っ赤な岩肌のレッドロック渓谷がある。

ウォータートン・レークの青い水面に山々の景色が映る。雄大なロッキー山脈、氷河湖、渓流が織りなす風景は地質学的にも貴重な場所だ。

「ロッキー山脈が大平原に出会う場所」として知られ、壮大な手つかずの大自然を堪能できる。アメリカ側のグレーシャーとカナダ側のウォータートン・レークの2つの国立公園を両国協調の象徴として統合、1932年に国際平和公園とした。園内には1360㎞の公道が整備されており、ロッキー山脈、湖、渓谷、大平原の野生動物の絶景を観察できる。これら地形は地殻活動と氷河が形成したものだが、大平原の目の前に巨大な岩山が突如現われる地形は、地質学の常識を覆すものといわれる。

ベトナム

ハロン湾

無数の奇岩が幻想的なベトナムの桂林

岩だけでなく、島や洞窟も多くある。海なのに波がほとんどなく、穏やかな海面にはイルカやアザラシも泳いでいる。

見どころ

◆ティエンクン洞窟、ペリカン洞窟、ハンハン洞窟など、多彩な鍾乳洞があり、その中をボートで見学できる。
◆ボート泊のツアーで、美しい夕日の風景を堪能できる。
◆湾内には水上家屋があり、新鮮な魚介類を売っている。

日本からの距離
約3,500km

リアス式海岸の穏やかな入り江に、切り立った奇岩が３０００も海から突き出ている。ベトナムの首都ハノイから東へ車で３時間。１５００㎢のハロン湾だ。この山水画のような風景は中国の世界遺産、桂林と似ていることから「海の桂林」とも呼ばれる。実際桂林からベトナムに至る石灰岩地質が沈降して海上に残った岩が数十万年、波や風雨に浸食されて形成された。似ていても当然なのだが、海だけに赤い夕日に照らされた風景や月明かりの風景など、多彩な表情を見せる。ベトナム随一の景勝地だ。

いまもマサイ族のみが暮らす野生の王国

ンゴロンゴロ保全地域

見どころ

◆4WDで保護区内を走るサファリツアーでは、身近にライオンやゾウを見られる。
◆約300万年前の人類アウストラロピテクスの人骨が発見されたオルドバイ渓谷がある。
◆マサイ族のガイドと「神の山」をトレッキングするツアーも。

アフリカゾウ、ライオン、チーター、サイ、ヌー、インパラ、フラミンゴなどアフリカ固有の野生動物350種、2万5000頭の棲む楽園。

中央アフリカの大地溝帯に、火山噴火で形成された巨大クレーター状の地形がある。ンゴロンゴロ（マサイ語で巨大な穴の意味）だ。周囲は山に囲まれる形で隔絶され、内部の円形大地は東西19㎞、南北16㎞。ここは大草原、川、湖、湿地からなる緑豊かな平原。ライオンやアフリカゾウなど、アフリカの野生生物の多くが生息する、まさに野生の王国だ。人の居住が禁止されているが、マサイ族だけがいまも遊牧生活を許されている。密猟者が絶えず、レンジャーとマサイ族が監視に当たっている。

056

ドラケンスベアクは「滝の山々」という意味。起伏に富んだ、山、緑、水の自然の造形美が楽しめる。ヒゲハゲタカなどの希少生物も多い。

緑の渓谷の絶景と
貴重な岩絵が残る山岳公園

ウクハランバ／ドラケンスベアク公園

南アフリカ

日本からの距離 ✈ 約**13,000**km

ウクハランバ／ドラケンスベアクは南アフリカ東部にある山岳地帯。3000m級の山々が1000kmにも渡って連なり、深い渓谷と滝、緑の景観が続く美しい自然環境の地域だ。ラムサール条約の登録湿地になっているだけあり、アフリカとは思えない色とりどりの植物、川や湖がある景勝地であり、野生動物や鳥類も多い。だが、この公園の特徴は急峻な山岳地帯にある洞窟に、4000年以上前にサン族が描いた洞窟壁画が3万5000点以上も残っていること。貴重な壁画の山々でもあるのだ。

057

ワディ・エル・ヒータンはカイロ南西150kmの涸れ谷。昔から骨が散乱する地は「地獄山」と恐れられていたが、20世紀になってからエジプトやアメリカの研究者が原始的なクジラの化石を発見。以来続々と発掘され、「クジラの谷」と呼ばれるようになった。なかでもバシロザウルスは20mを越え、水掻きのついた前足と、ごく小さな後ろ足があり、クジラが陸上哺乳類から進化したことを証明した。4000万年前まで海底だったこの地からは、当時の魚類やワニなどの化石も多数見つかっている。

足のある原始的クジラの
化石が続々出る谷

ワディ・エル・ヒータン（クジラの谷）

エジプト

日本からの距離 ✈ 約**9,500**km

原始的なクジラの化石が転がる谷。400体以上、5種属が見つかっている。古代海洋生物群の進化の貴重な資料だが、盗掘が絶えない。

砂漠の民のキャラバンがいまも残る岩と砂の灼熱の地

アイールとテネレの自然保護区群

見どころ

- ◆約4000年前の岩絵が広範囲にわたって残っている。
- ◆キャラバンの中継地には、ヤシの木と畑が美しい砂漠のオアシスがある。
- ◆パタスモンキー、ダマガゼル、ムフロンなど、希少な固有絶滅危惧種が生息している。

波打つ砂丘の絶景が延々と続くテネレ砂漠。道がない荒涼とした砂漠の中を、今もトゥアレグ族がラクダのキャラバンで塩を運んでいる。

中央サハラ砂漠の南部。水が極めて貴重な財産になる、乾き切った砂と岩の月面を思わせる台地がアイールとテネレだ。夏場の気温は50度を超え、冬場は零度を下回るという、この過酷な地に、遊牧民トゥアレグ族が暮らしている。井戸を掘って、わずかな畑を作り、放牧を営む彼らの移動手段は、いまも伝統的なラクダのキャラバン。こんな厳しい地だが、動植物は見事に適応している。ヒヒ、モンキー、ヒツジなどの哺乳類は40種、ダチョウなどの鳥類は165種も生息し、保護対象になっている。

日本からの距離 ✈ 約12,500km

点在する大環礁が圧巻の珊瑚礁の海

ベリーズのバリア・リーフ保護区

見どころ

◆海域には貴重なアオウミガメ、タイマイ、ジンベイザメなどが泳ぐ。また、450ある島々には、ウミペリカン、オオハシなど熱帯特有の鳥が多数生息。
◆ベリーズの密林に、あまり知られていないマヤ遺跡が20以上。近年、発掘が進んでいる。

巨大な円形の環礁、ブルーホール。その直径は318mも。深さ約120mの穴が海に神秘的な紺碧の円を描く。世界7大水中景観のひとつ。

中米カリブ海、ベリーズの沖合20㎞にあるバリア・リーフは、オーストラリアのグレート・バリア・リーフに次ぐ規模の珊瑚礁の海域だ。南北に延びる堡《ほ》礁《しょう》の長さは250㎞以上。ブルーホールと呼ばれるものを始め、3つの大きな環礁が特徴だ。巨大な珊瑚礁で丸く囲まれた中は深い穴状になっており、穴の壁は鍾乳洞のよう。海中からも摩訶不思議な光景を楽しめる有名なダイビングポイントだ。また、このあたりの海域には、人魚伝説のある体長4mを越えるマナティーが悠然と泳いでいる。

カナダ

グロス・モーン国立公園

太古の「地球パワー」を実感する変化に富む地形

日本からの距離
約10,500km

太古の地殻移動と氷河が生み出した巨大な断崖が島を分断する。山脈は低く、巨大なテーブル状の大地が果てしなく続いている。

見どころ

◆氷河が溶けてできた淡水湖や湾内を船やカヤックで遊覧することができる。
◆火星のような砂丘、湿地帯、トナカイや野鳥が生息する森、大渓谷、湖の数々と、天然の自然博物館のような太古の地球景色を味わうことができる。

テーブルランドと呼ばれる赤茶けた砂漠のような大地、深さ６８５ｍもの断崖が続くフィヨルド地形の壮大な眺め——。カナダ東岸のニューファンドランド島にあるグロス・モーン国立公園には、雄大な大自然の風景が広がる。地球で最も古い山脈という、ロングレンジ山脈を始め、大陸移動の痕跡がある巨大岩石など大陸形成の歴史が窺えるのだ。欧州人の入植の歴史も古く、約１０００年前にバイキングが定住。だが、その前は先住民イヌイットが暮らしていた。彼らの居住跡なども発見されている。

061 アイスランド

日本からの距離 ✈ 約8,500km

大地の裂け目を流れる階段状の大滝

シングヴェトリル国立公園

見どころ

◆剥き出しの溶岩、亀裂性の活火山、温泉など地溝帯独特の景色が見られる。
◆世界最古の議会「アルシンギ」の開催場所がある。溶岩の壁が発言者の声を響かせる。
◆湯を噴き上げるストロックル間欠泉も名物だ。

海底にある大西洋海嶺が地上に露出した場所。写真のグトルフォスの滝は、長さ約6kmに渡り、水が階段状に流れ落ちる雄大な滝だ。

アイスランドの首都レイキャビクの北東40kmにあるシングヴェトリル国立公園。ここはユーラシアプレートと北米プレートが移動してできた、ギャオと呼ばれる大地の裂け目の絶景が見られる場所。裂け目と溶岩原が延々と続く平原には、裂け目を流れる巨大な滝、湖、間欠泉など。だが、この公園は自然遺産ではなく文化遺産。10世紀、島に移住してきた人々がこの地で民主的な議会を開き、以来18世紀まで民主議会が開かれた国家的史跡なのだ。この驚異の絶景が人を民主的に保ったのかもしれない。

COLUMN

動物が彩る世界遺産

広大な自然と共生する野生の動物たち。

フラミンゴは100万羽以上の大群で生息。藻やエビを食べることで羽がピンクになるという。一斉に飛び立つと、空がピンクに染まる。

ケニア　日本からの距離 ✈ 約11,500km

フラミンゴの大群でピンクに染まる湖

ケニアグレート・リフト・バレーの湖群の生態系

２０１１年に登録されたケニアの生態系は、中央アフリカの大地溝帯（大地の裂け目）に位置し、ボゴリア湖、ナクル湖、エレメンタイタ湖の３つの湖からなる。これらの湖は、大地溝帯特有の間欠泉や温泉のある絶景の地だが、圧巻はフラミンゴの繁殖地になっていること。なかでもボゴリア湖は、フラミンゴの主要な餌場だ。１００万羽以上が飛来し、その景色を上空から眺めると、まるで湖に桜が咲いたかのようにも見える。間欠泉の湯気と周囲の山々と相まって、アフリカらしい絶景だ。

063

大氷河が轟音とともに崩れ落ちる壮大な氷山の絶景

グレーシャー・ベイ

登録名「クルアーニー／ランゲル・セント・イライアス／グレーシャー・ベイ／タッチェンシニー-アルセク」

**アメリカ
カナダ**

日本からの距離 ✈ 約6,000km

ザトウクジラ、ミンククジラ、コクジラ、シャチなどが餌を求めて回遊してくる。雪を頂いた山々とブルーの氷河を観察できる。

アラスカとカナダにまたがる4つの山岳公園群。そのアラスカ湾に面する地帯が、写真のグレーシャー・ベイ国立公園だ。約200年前、冒険家のジョージ・バンクーバーが到達したとき、まだ湾全体が氷で覆われて一面が大氷河であったという。以来、氷河はどんどん崩れ落ち、今日では潮間氷河が漂う湾になっている。当時と比べ、実に100km近く後退。漂う氷河の先端が巨大な轟音と水飛沫を立て、崩れ落ちるさまは豪快そのものだ。アクセスが悪い場所にあるが、年間約40万人が訪れる。

064

インドネシア南東の島々からなるヌサトゥンガラにあるコモド国立公園。熱帯地方にしては草木が少なく太古の地球の雰囲気を残す。島の象徴は6000万年前から変わらぬ姿の世界最大のトカゲ、コモドオオトカゲだ。体長は大きいもので3mも。普段はあまり動かないが、捕食時には猛スピードで走り、イノシシやシカにもかぶりつく。100年前、不時着したオランダ人パイロットは恐竜の生き残りと信じて疑わなかったとか。ジンベイザメなど、珍しい海の生物で人気のダイビングスポットでもある。

太古の自然が残る島に恐竜のようなオオトカゲが生息

コモド国立公園

インドネシア

日本からの距離 ✈ 約5,500km

コモド島はバリ島のある小スンダ列島のほぼ中央。島周辺は珊瑚礁が広がる海域。コモドオオトカゲ保護のために世界遺産に登録された。

world heritage

第4章

世界の歴史が体感できる街並

文化や宗教、様々な歴史的背景から形作られた各国の特徴的な街並。
世界の広さを感じることができるスポットをここに紹介する!

クロアチア

日本からの距離 ✈ 約9,500km

アドリア海の真珠と称される城塞都市

ドゥブロヴニク旧市街

城壁は高さ25m、幅6mの大理石製。4つの要塞塔が街を守る。城壁の下は断崖絶壁のため、難攻不落の城塞都市となっていた。

見どころ

◆城壁の上を歩いて旧市街を一周できる。歴史ある赤レンガの街並と、紺碧の海の眺望が素晴らしい。

◆スポンツァ宮殿は1516年に造営が開始された。当時からドゥブロヴニク市内で最も美しい建物とされる。

東欧クロアチア最南端、アドリア海の沿岸で、最も美しく歴史のある町、ドゥブロヴニク。「アドリア海の真珠」と称される町は、14〜16世紀、共和制を維持しながらヴェネチアと双璧をなす海上交易の要所として栄えた。旧市街は総延長1940mの城壁で囲まれ、大半が海に突き出た岩場の上にある。紺碧の海に赤レンガの屋根が映える市街には、ルネサンス様式のクネズ宮殿、スポンツァ宮殿、聖ブラホ聖堂などがある。共和制は19世紀に終焉したが、当時の市民都市の景観は健在だ。

とんがり屋根と白壁の家ばかりの独特な街並

アルベロベッロのトゥルッリ

見どころ

◆家の形状はもちろんだが、迷路のような道も合わせ、おとぎの国にいるかのような雰囲気を味わせてくれる。

◆最頂部の飾り石には様々な形があり、トゥルッロ職人が、自分の造った家を見分けるためらしい。屋根には魔除けの絵が。

モルタルなどの接合剤を使わない、伝統の建築方法で造られたトゥルッリがいまも実際に使用されている。その数はおよそ1000軒ほど。

舌をかみそうな名称だが、アルベロベッロはイタリア南部の地名。トゥルッリがとんがり屋根の家（トゥルッロ）の複数形だ。この特殊な形の家が誕生した背景には、かわいらしい外観とは裏腹な、悲惨なエピソードがある。16～17世紀の開拓農民用の住居だったのだが、当時の悪い領主が、家の数に対してかかる税金をごまかすために、国の役人の視察のたびに家を壊させていた。農民らはその後また家を建てる……という生活を強いられていたため、石を重ねただけの簡単な造りの住居になったという。

日本からの距離 ✈ 約10,000km

巨匠の芸術作品が集まるカトリック総本山

バチカン市国

見どころ

◆聖堂の礼拝堂に、ミケランジェロ、ラファエロ、ベルニーニなどの作品が並ぶ。
◆バチカン美術館は歴代法王が権力と財力で集めた各時代の最高芸術品が一堂に会する。
◆聖堂横のクーポラの上から、広場と景色が一望できる。

数々の芸術作品を所蔵するサン・ピエトロ大聖堂。聖堂前の広場に、毎日曜日、多くの信者が集まり、祝福を受けている。

ローマ市内のバチカンは面積４４０㎡と世界最小の独立国。ここに世界10億人のカトリック信者の総本山サン・ピエトロ大聖堂がある。この地はイエスの第一弟子、ペテロの殉職地。４世紀、その墓上に聖堂が建てられた。16世紀初頭にミケランジェロらが設計を担い増改築が始まり、１６２６年に、世界最大にして最も荘厳な聖堂が完成した。高さ１２０ｍ、幅は１５６ｍ。内部の装飾はラファエロなど多くの巨匠の壁画で埋められており、もはや装飾を超えて芸術品の宝庫となっている。

「幸福のアラビア」の伝統を伝える高層建築の街

サナア旧市街

見どころ

◆ステンドグラスや漆喰壁の、イエメン伝統の邸宅は一部がゲストハウス。宿泊できる。
◆街灯でライトアップされる旧市街の光景は幻想的。
◆スークは2000年以上前からある市場。今も屋台が所狭しと並んでにぎわう。

旧約聖書によるとサナアは世界最古の街。旧市街は歴史的建物が多数現存。街の人々の姿からも、「アラビアン・ナイト」の世界を思わせる。

標高2200mの高原にあるイエメンの首都サナアはアラビア文明発祥の地。前10世紀頃、乳香貿易で栄え、7～8世紀にイスラム文化の中心として最盛期を迎えた。登録される旧市街は美しいイエメン門の城壁で囲まれ、1000年以上前の建築物が6000棟以上も残る。多くが5～8階建ての高層邸宅。低層階は石造り、高層階は日干しレンガ。ドアや壁、窓が漆喰やステンドグラスで美しく装飾されている。モスクや尖塔（ミレネット）も立ち並ぶサナアには、古き良きアラビアの世界がある。

日本からの距離 ✈ 約9,000km

ヨーロッパとアジアの接点となった要衝の街

イスタンブール歴史地域

6つの尖塔をもつスルタンアフメット・モスクは、内壁が美しい青のイズニックタイルで飾られていることから、通称ブルーモスク。

見どころ

- ◆ブルーモスクでは夏の夕方、光と音のショーが催される。
- ◆オスマン建築の最高傑作のひとつと言われるのが、スレイマニエ・モスク。
- ◆オスマン帝国の栄華の象徴トプカプ宮殿は、様々な建物が迷路のように繋がっている。

イスタンブールは、ヨーロッパとアジアを繋ぐ接点にあり、古くから東西交易で繁栄した。いまでこそ首都はアンカラだが、３３０年にローマ帝国の新都に定められてからは、名称を変えつつも歴代王国の首都を務めた。現在もトルコ最大の都市だ。キリスト教の東方正教会の本拠地でもあり、聖堂が多かったが、それらはオスマン帝国の支配によりイスラム教の礼拝場「モスク」に改築される。その代表がアヤ・ソフィアだ。美しいモスクはほかにも数多く現存。旧市街には歴史的建造物も数多く残る。

アルプスの山並と湖畔の街が融合する景勝地

ハルシュタット

登録名「ハルシュタット-ダッハシュタイン・ザルツカンマーグートの文化的景観」

ハルシュタット市街は湖畔。鉄道駅から連絡船で街に向かう。船上からの景色が絶景。この地はケルト文化発祥の地でもある。

見どころ

◆市内中心地のマルクト広場はオーストラリアで最も美しい広場といわれる。
◆ダッハシュタイン山には氷穴と80kmもある大洞窟がある。
◆紀元前鉄器時代のこの地のケルト文化の歴史をまとめた博物館もある。

ザルツブルグの南東50km、中央アルプスに囲まれた丘陵に76の湖がある。映画『サウンド・オブ・ミュージック』の舞台にもなった風光明媚なこの湖水地方が、ザルツカンマーグートだ。なかでも、ハルシュタットの町は「世界の湖畔で一番美しい」と称され、古くはオーストリアの支配者たちの避暑地としても発展してきた。緑の急斜面の山裾と穏やかな湖の間の狭く細長い地に、尖塔のある教会やアルプスらしい建物が美しく密集する。この自然と建物集落が見事に調和した景観は、美しすぎる。

071

堅牢に守られた欧州最大の城塞

歴史的城塞都市カルカッソンヌ

フランス

日本からの距離 ✈ 約10,500km

シテと呼ばれる城内にはコンタル城、サン・ナゼール寺院をはじめ、石畳の路地には古い家屋が並び、ホテルやレストランになっている。

フランス南西部、ラングドック地方の高台に、周囲1200mという巨大な城塞都市がある。53もの塔が建ち、城壁は二重に張り巡らされている。このヨーロッパ最大の城塞は3世紀から建設が始まり、13世紀に本格的な城塞都市になった。古代ローマ軍、西ゴート王国、フランク王国、フランス王領と、歴代の支配者がより堅牢に築き上げてきたのだ。この地が戦争の歴史だったことを思わせる。19世紀に歴史的価値から当時の姿のまま修復され、古代城塞の姿がそのまま残る貴重な世界遺産となった。

072

ローマは「永遠の都」と言われるように、前8世紀から現在まで、国は変われど、ほぼ都であり続けている。その歴史地区にはローマ最大の建築物、5万人を収容する巨大円形闘技場コロッセオや1600人を収容するカラカラ浴場などの遺跡が点在する。また、コンスタンティヌス帝凱旋門は、パリの凱旋門のモデルだ。天井に巨大な円形の穴のあいたパンテオン神殿は、その迫力からローマ建築の傑作とも称される。すべてローマが偉大な都市であった証拠だ。バチカンとの共同登録遺産となっている。

ローマ繁栄の歴史を伝える「永遠の都」

ローマ歴史地区、教皇領とサン・パオロ・フオーリ・レ・ムーラ大聖堂

イタリア、バチカン

日本からの距離 ✈ 約10,000km

奥に見えるコロッセオは映画『グラディエーター』の舞台。紀元80年に完成した。剣闘士が闘う舞台の地下には猛獣を釣り上げる籠があった。

潟の上に建てられた中世の海上都市

ヴェネツィアとその潟

昔ながらの木のゴンドラ(手漕き舟)とボートが観光客を運ぶ。建物と建物を結ぶ橋は古く、様々な形態。どれも絵画のように美しい。

見どころ

◆本島の南には、映画『ベニスで死す』で有名なリード島。北にはヴェネツィアン・グラスで有名なムラーノ島、レース編み産業のブラーノ島がある。
◆名所はサン・マルコ広場。隣の大聖堂の鐘楼は約100mもの高さを誇る。

14～15世紀に栄えたヴェネツィアは、アドリア海にある「水の都」として有名。5世紀に住民が177の潟(砂の小島)に杭を打ち建物群を建設。400の橋と150以上の運河を巡らし、東京湾の約半分という広大な都を生み出したのだ。運河が道となり、街に車は1台もない。救急車もパトカーもゴミ収集車もすべて船。この特異な光景が観光客を惹きつける。貿易で潤った中世の共和国は、大運河沿いに壮麗な大聖堂、宮殿、教会を建設した。だが水の都はいま、海面上昇の危機に揺れている。

日本からの距離 ✈ 約11,500km

中世イスラムの街並を残す都市は世界一の迷宮

フェス旧市街

見どころ

◆皮なめし工房の大きな染色桶が並ぶスーク・ダッバーギーンは特に有名。染色の工程を見学できる。

◆彫刻が美しいモスクや神学校、邸宅の多くは13世紀建造のまま。中世のイスラム世界にトリップした感覚が味わえる。

人口は約95万人。城壁が巡らされた街中は、アップダウンもきつい迷路の都だ。その細い道を、荷物を下げてロバが行きかっている。

北アフリカのモロッコにあるフェスは、８０８年に建設されたモロッコ最古の首都。12世紀に東西２２００ｍ、南北１２００ｍの城壁が造られ、13世紀に街が拡張され、現在の旧市街が形成された。迷路のような道が無数に入り組み、「世界一の迷宮都市」と言われる。すれ違うのもやっとの道が複雑に続き、車は入れず、移動手段は徒歩か馬かラバ。侵略の歴史から身を守るために迷宮となったのだ。街中には尖塔をもつモスクが点在し、宗教・文化・芸術の都として栄え、世界最古と言われる大学もある。

中央アジアの真珠と讃えられるイスラム建築の野外博物館

イチャン・カラ

街のシンボルになっている高さ45mのイスラム・ホジャ・ミナレット。帯模様の装飾が美しい。展望台から周囲のオアシスを一望できる。

見どころ

◆高さ28mの未完のミナレット、カリタ・ミノルは、全面が美しいターコイズブルー。この塔も名物になっている。
◆宮殿やモスクの内部は博物館になっている。出土した陶器類や当時の生活を再現した展示物などがある。

ウズベキスタン中部のオアシス都市であるヒヴァに、「中央アジアの真珠」といわれたイスラム教の聖都遺跡イチャン・カラがある。この地は8世紀にイスラム勢力が侵攻、16世紀にウズベク族が国家を建設。南北６５０ｍ、東西４００ｍの街には、20のモスク、20のマドラサ（イスラム教・教育施設）と、6つのミナレット（塔）が残されている。ミナレットやモスクの壁にはターコイズブルーのタイルが使われ、街並に美しいアクセントを与える。街全体が「野外博物館都市」に指定されている。

076 アルジェリア

日本からの距離 約11,000km

敬虔なイスラム教徒が造った、四角に統一された街

ムザブの谷

見どころ

◆街の人々はイスラム清教徒の伝統的な衣装で暮らす。
◆モスクが見える高台に、古代からの灌漑施設がある。いまも井戸と水路が残る。
◆街の近くにはナツメヤシ畑がある。まさに、砂漠の中のオアシスというわけだ。

ムザブの谷には5つもの集落があるが、皆同じ、積み木箱のような形をしている。計画的に統一された形と高度な灌漑施設が街の特徴だ。

アルジェリアの南、サハラ砂漠の高台に、レンガ造りの立方体の家屋が密集する街が出現する。イスラム教一派のムザブ族が築いた城塞都市だ。丘の斜面に建つ家々は四角い箱のような形で統一され、ブルーやピンク、ベージュの色彩が施されている。丘の上には10mの尖塔をもつ教会がそびえ、遠くから見ると、街全体がピラミッドのような形をしている。砂漠に井戸を掘り、オアシスも造られている。この街には、イスラムの禁欲と質素な生活を1000年以上守り抜く人々の暮らしがいまもある。

イエメン

日本からの距離 ✈ 約9,000km

高層邸宅が立ち並ぶ砂漠の摩天楼

シバームの旧城壁都市

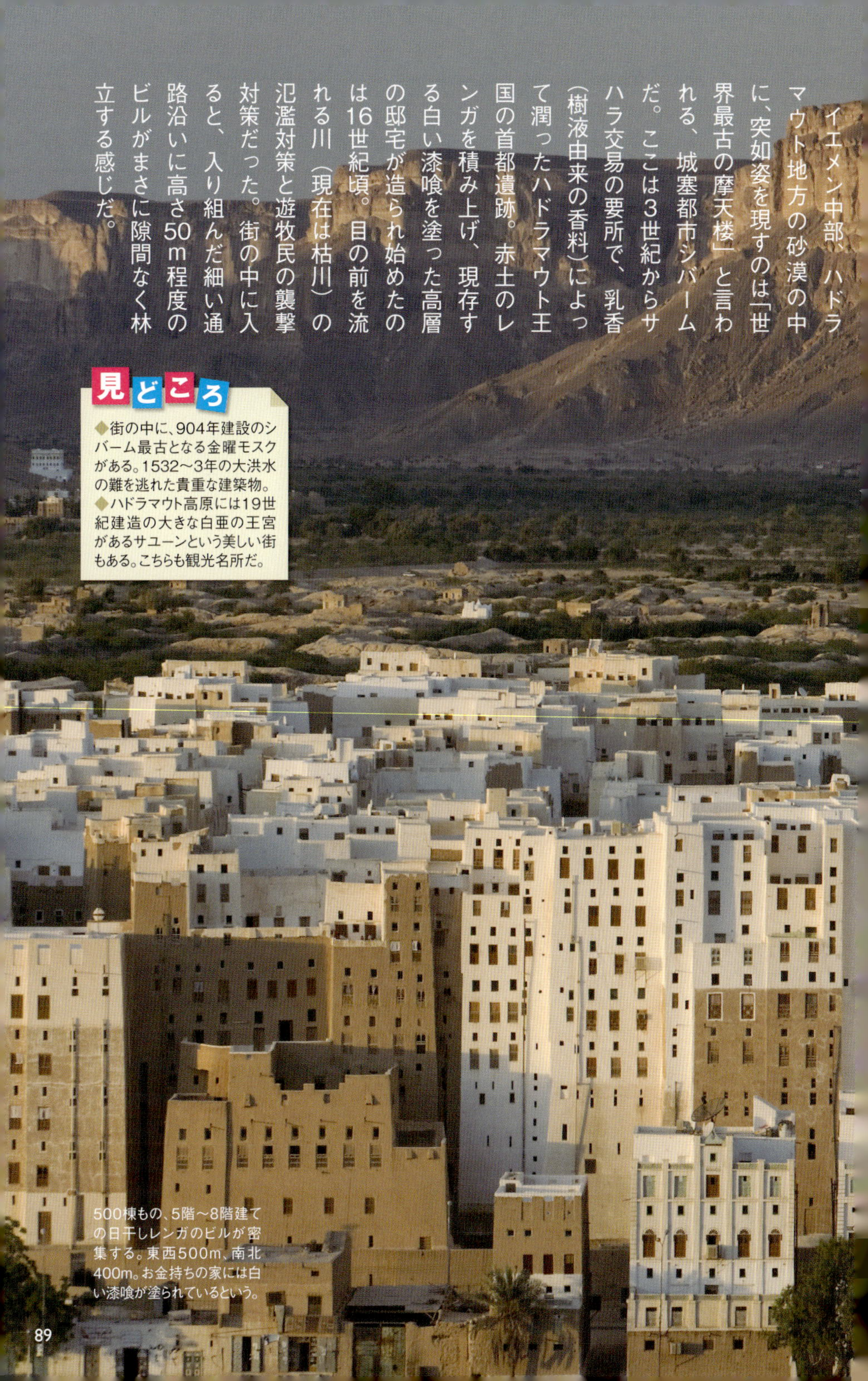

イエメン中部、ハドラマウト地方の砂漠の中に、突如姿を現すのは「世界最古の摩天楼」と言われる、城塞都市シバームだ。ここは3世紀からサハラ交易の要所で、乳香（樹液由来の香料）によって潤ったハドラマウト王国の首都遺跡。赤土のレンガを積み上げ、現存する白い漆喰を塗った高層の邸宅が造られ始めたのは16世紀頃。目の前を流れる川（現在は枯川）の氾濫対策と遊牧民の襲撃対策だった。街の中に入ると、入り組んだ細い通路沿いに高さ50m程度のビルがまさに隙間なく林立する感じだ。

見どころ

◆街の中に、904年建設のシバーム最古となる金曜モスクがある。1532〜3年の大洪水の難を逃れた貴重な建築物。
◆ハドラマウト高原には19世紀建造の大きな白亜の王宮があるサユーンという美しい街もある。こちらも観光名所だ。

500棟もの、5階〜8階建ての日干しレンガのビルが密集する。東西500m、南北400m。お金持ちの家には白い漆喰が塗られているという。

オーストリア　日本からの距離 ✈ 約9,500km　078

モーツァルトを育んだ美しい絶景の古都

ザルツブルク市街の歴史地区

木々に覆われた岩山の上から街を見下ろすホーエンザルツブルク城。その背後にはアルプス。夜の暗がりに浮かび上がる白亜の城がまた美しい。

見どころ

◆モーツァルトの生地として、毎夏「ザルツブルク音楽祭」が開催される。
◆北のローマと称される豪華な宮殿、城、聖堂は、内部の装飾も絢爛豪華に彩られている。
◆モーツァルトの生家は博物館として人気スポット。

モーツァルトの生地として名高いザルツブルク。大都市というほどではないアルプスを望む古都だが、街の背後の丘の上に、中央ヨーロッパ最大規模のホーエンザルツブルク城が中空にそびえる様は、まさに絵画のよう。街中にもバロック建築の荘厳な大聖堂や宮殿の数々。これら建築物は10世紀以降、岩塩貿易で莫大な富を得た大司教が、その財を惜しみなく注ぎ建造したものだ。大司教は多くの音楽家も抱えていた。アルプスの山並、美しい街、壮麗な古城と、三拍子揃った絶景がここにある。

日本からの距離 ✈ 約10,500km

スペインの歴史・文化を残す城塞都市

古都トレド

見どころ

◆トレド大聖堂の祭壇には黄金色に輝く巨大な祭壇屏(トランスパレンテ)が輝いている。また、聖体顕示台などキリスト教文化を伝える品々を展示。
◆サント・トメ教会には、スペイン絵画の巨匠エル・グレコの『オルガス伯の埋葬』がある。

丘の上に建つのは270年の歳月をかけ15世紀に完成したゴシック様大聖堂。斜面に中世の住宅群が立ち並ぶ。16世紀で時を止めた街だ。

トレドはスペイン中部の丘の上にある城塞都市。現在の人口8万のこの都市は、16世紀までスペイン王国の宮殿が置かれた地。前2世紀にローマ領となり、以後ゴート族、イスラム教徒と統治者を変え、13世紀にスペイン王都となり繁栄。キリスト、イスラム、ユダヤ教徒が共存、様々な宗教色の建造物が建てられた。また、民族融合は軍事、農耕、医学、芸術など高い文化水準を生み出した。16世紀にマドリードに遷都された以降も、芸術・文化の先進地として変わらぬ景観のまま時を刻んでいる。

フィリピン・コルディリェーラの棚田群

「天国への階段」と称される世界最大級の棚田

「天国の階段」と呼ばれる。2000m級の山の頂上付近はすべて棚田だ。これだけの棚田を昔ながらの人力で耕し、稲作を維持している。

フィリピンのルソン島の北部。コルディリェーラ山脈の斜面に、山全体が緑の巨大階段に見える絶景がある。ライステラスと呼ばれる、世界最大級の棚田だ。棚田の標高は1500〜2000m、棚の壁すべてを繋げると、地球を半周する2万kmの長さにもなるという。この巨大な棚田は、2000年前から少数民族イフガオ族によって築かれ、以来今日まで機械を使わない伝統的稲作が営々と続けられてきた。しかし、近代化の波で過疎化が進み、休耕田が増え、危機遺産に登録されている。

見どころ

◆現地はかなりの山奥の村といった雰囲気。棚田は山全体が縞模様の遺跡のように見える、圧巻の絶景。あぜ道をトレッキングできる。

◆昔ながらの稲作を中心とした自給自足のイフガオ族の伝統的な暮らしを垣間見られる。

日本からの距離
約2,500km

日本からの距離 ✈ 約12,000km

ベルベル人が築いた美しい土壁の城塞集落

アイット-ベン-ハドゥの集落

クサルが岩山と溶け込んで古代の雰囲気が漂う。『アラビアのロレンス』『ナイルの秘宝』など、映画のロケ地としても知られる。

見どころ

◆邸宅だが外観は城塞。中は迷路のように入り組んだ通路。異次元空間を味わえる。
◆隣の岩山に登ると、集落全体を見下ろせる。
◆村を通るカスバ街道は、アトラス山脈越えの道。バスで行くツアーが人気だ。

モロッコのワルザザート近郊の乾燥地帯。古くから隊商交易の中継地として栄えたこの地には、ベルベル人が赤土のレンガで建てた邸宅が集まる村がある。盗賊の襲撃に備え、見張り塔や銃眼のある要塞の集落は、クサルと呼ばれる。なかでも最も壮大なクサルが、ハドゥ一族が500年前に築いたアイット-ベン-ハドゥだ。各邸宅とも1階は馬小屋、2階は食糧倉庫、3階は住居になっている。古代土壁建築の優れた技術を伝える貴重な遺跡である。現在も7家族がここで伝統的な暮らしを営んでいる。

日本からの距離 ✈ 約4,000km

少数民族ナシ族が築いた13世紀の街並

麗江旧市街

見どころ

- ◆標高5596mの玉龍雪山や虎跳峡など多くの大自然を満喫できる。
- ◆チベットや漢族の文化を融合した独特の文化、絵画などに触れられる。
- ◆橋、建物、池が美しい佇まいの玉泉公園がある。

標高2000mを超える山々に囲まれた麗江高原。唐の時代から住み着いたナシ族が都を築き、その文化と建物が当時のまま残っている。

中国雲南省北西部にある麗江高原。ここにナシ族が南宋時代13世紀後半に築いた街があり、現在も当時の面影のままナシ族が暮らしている。瓦葺の屋根が続く旧市街は、石畳の小道が網目のように巡らされ、水路も800年前のまま。江戸時代の日本の街並のようにも思える、なんともノスタルジックな風情だ。最近まで支配者の古城もあったが、96年の大地震で崩壊。ナシ族は独自の芸術や文化だけでなく、トンパという独自の文字も生み出し、その文献は世界記録遺産に登録されている。

083 キューバ

日本からの距離 ✈ 約12,000km

スペイン統治時代の街並と堅牢な要塞群

オールド・ハバナとその要塞群

見どころ

◆ガルシア・ロルカ劇場はバロック建築の最高峰と讃えられる壮大な建築物だ。
◆ハバナを愛し暮らしたヘミングウェイゆかりの地や建物が数多く残る。アメリカ合衆国議会議事堂を模した旧国会議事堂も観光名所だ。

市街は植民地時代の面影が色濃く残る。名所であるモロ要塞は高さ20m。市街地から722mの地下トンネルで繋がっている。

キューバの首都ハバナは、1519年に入植したスペイン人によって築かれた植民都市。葉巻や砂糖の供給地として莫大な富を得て、見事なバロック様式の大劇場や聖堂が建設された。登録されているのは、これら旧市街とカリブ海を睥睨《へいげい》する要塞群だ。海賊船から財宝を守るため、「カリブ最強の砦」と言われたモロ要塞など多数の要塞を築いたが、1762年イギリスに攻略され自由貿易港となる。その後も独立、共産革命と激動を経るが、植民地時代の美しい街並は健在。動く古いアメ車も見ものだ。

泥のモスクがそびえるアフリカの古都

ジェンネ旧市街

見どころ

◆月曜日の朝、モスク前の広場に市が出る。さながら、お祭りのようなにぎわいだ。
◆大モスクの泥の塗り替えは年に一度のイベントだ。住民が総出でモスクによじ登る。
◆街中はラバの馬車タクシーが走っている。

大モスクは高さ20m、奥行56mという巨大なもので、1000人を収容。「泥のモスク」と呼ばれ、多くの観光客を惹きつける。

アフリカ西部、マリ共和国のジェンネは13世紀から発展したイスラム教徒の街。街の中心にそびえる大モスクは、まるで泥の要塞。中世のモスクを約100年前に再建したものだが、日干しレンガを積み上げた後、泥で塗り固めたもの。泥にはヤシの板が装飾に嵌《は》め込まれている。この大モスクの周りには、泥で固められた2層建ての家屋が並び、土の街並となっている。街には鮮やかな色彩の衣装をまとい、頭に荷物を載せて歩く人々。古来から変わらない、活気あるアフリカの街の風景がここにある。

085 スペイン

日本からの距離 ✈ 約**10,500**km

城壁と白壁の街並が美しい地中海の島

イビサ、生物多様性と文化

高台に、中世の城壁がある地中海有数のリゾートの島。歴史的建造物が多く保存され、街には地中海特有の美しい白壁の建物が並ぶ。

見どころ

- ◆島内に複数の巨大クラブ。有名DJが結集し、パーティーアイランドともいわれる。
- ◆海岸周辺の海に、地中海固有の海草ポシドニア。地中海で最も多く群生している。
- ◆白い砂浜の海岸、通りにはカフェ、市場も充実している。

スペイン東部、地中海に浮かぶリゾート地のイビサ島。この島は１９８０年代からヨーロッパのクラブ・ミュージックの中心として有名。島には数々の巨大クラブがあり、若者で賑わっているが、街の歴史は古い。紀元前からカルタゴ人、古代ローマ、イスラム勢力、アンゴラ王国などが覇権を争ってきたため、多くの中世の城塞が残る。さらに、白い砂浜と希少な植物群もこの島の名物。陸にはヤシやオリーブの木、海には草原のような珊瑚礁。近海には海獣も多く、魅力が尽きない島だ。

ハンガリー 日本からの距離 ✈ 約9,000km **086**

川と街並に歴史的建物が並ぶ美しい景観

ドナウ河岸、ブダ城地区及びアンドラーシ通りを含む ブダペスト

見どころ

◆橋が美しい。特に最古のくさり橋がライトアップされた夜景は名物になっている。
◆中心から離れたゲッレールト の丘から市内全域が臨める。
◆温泉も名物。セーチェニ温泉は、王宮のような歴史ある建物で巨大な野外温泉がある。

王宮の丘から望む壮大な国会議事堂と背後の街並の景色は、世界一美しいとも言われる。対岸からは丘の上に王宮と大聖堂が臨める。

ゆったりと流れるドナウ川の両岸に、美しいゴシックの建造物が並ぶ。ハンガリーの首都ブダペストは「ドナウの真珠」と称される、中欧で特に美しい街。ローマ領から発し、11世紀に興ったハンガリー王国が王宮を建設。18世紀にはハプスブルグ家のマリア・テレジアが豊富な財力で王宮や議事堂を改築。19世紀に、右岸の都と左岸の商都が統合され、美しいブダペストの街並が完成した。広場に向かう美しい並木路のアンドラーシ通りが追加登録され、その地下には欧州で最初の地下鉄が走る。

087 モンテネグロ

日本からの距離 ✈ 約9,500km

山と城壁に囲まれたアドリア海の中世海洋貿易都市

コトルの自然と文化-歴史地域

難攻不落の海洋貿易都市として繁栄したコトルの街。長さ4km、厚さ10mもの城壁や、大聖堂の鐘楼などがいまも当時のまま残る。

見どころ

◆聖トリプン教会、聖ニコラ教会、聖ルカ教会などが山の斜面に点在。観光名所となっている。山の斜面から見下ろす海と街並みが絶景。
◆石畳の狭い路地が続く旧市街の中は、中世にタイムスリップしたかのような趣がある。

美しいアドリア海に面する入り江の最奥部。フィヨルド地形の標高1759mのローブツェン山と海岸の間に、中世の佇まいのオレンジ色の屋根が並ぶ風光明媚な街がコトルだ。この街は古代ローマ都市として発し、鉱物の輸出によって富を蓄え、宗主国を変えながら繁栄してきた。度重なる海賊や他国の襲撃に耐えたのは、急峻な山々に囲まれた地形と城壁の二重防御だったため。その防御能力から、ヴェネチア統治時代は同国の前線基地となり、大聖堂を始め、スラブ国初の航海士学校も設立された。

COLUMN

夜景の美しい世界遺産

夜にはさらに美しさを増す絶景の街々。

ライトアップされて夜空に輝くカレル橋。石造りの橋は、幅9.5m、長さは516mもある。橋の塔の上から、丘の上のプラハ城まで見渡せる。

チェコ …………………… 日本からの距離 ✈ 約9,000km

「黄金の都」と呼ばれた往時が窺える歴史と芸術の街

プラハ歴史地区

プラハはボヘミア王国の都として発展し、14世紀には神聖ローマ帝国の首都にもなる。経済的な繁栄も続き、ヨーロッパ3大都市のひとつとして「黄金のプラハ」と呼ばれ、たたえられた。現在も丘の上に建つプラハ城、聖ヴィート大聖堂、ティーンの聖母聖堂など、往時の栄華を伝える歴史的建造物に溢れた美しい街だ。また、1357年に建築が始まった、ブルタバ川に架かる橋も、現在ではカレル橋と呼ばれ、栄華の象徴のひとつ。橋の欄干には30もの石像が立ち、荘厳さを際立たせている。

089

中世の噴水と時計台が美しい
スイスの首都

ベルン旧市街

スイス

日本からの距離 ✈ 約9,500km

時計台の塔と噴水が印象的なベルン旧市街の街並。その中央には、スイスで一番高い100mの尖塔がそびえる大聖堂がある。

スイスの街はどこも美しいが、人口12万あまりを抱える首都ベルンも格段に美しい。街中をアール川がU字形に蛇行し、背後には緑の山々。街には赤茶色の屋根が印象的な中世の趣のままの建物が建ち並んでいる。旧市街の中に入ると、まさに中世のスイスに来た感が深まる。15世紀からある時計塔のカラクリ時計は、いまも鐘とともに仔熊が踊りだす。また、街の至る所に装飾が鮮やかな噴水。もともとこの地は森だっただけに、緑と花に溢れている。首都であることが信じられない街並だ。

090

スペイン中東部のクエンカ。その歴史は古く、2つの川によって浸食された石灰岩の独特な絶壁上に、イスラム勢力が要塞を築いたのは9世紀。12世紀になると、カスティーリャ王国の支配に移り、キリスト教の聖堂が多く建てられ、修道士の街になった。街を崖の対岸から見ると、狭い土地に歴史を感じさせる建物が密集しているのがわかる。しかも、街全体が宙に浮いているように見えるという不思議さ。その独特の雰囲気から、古くから「魔法にかけられた街」と呼ばれてきたという。

絶壁の上に浮いたように見える
歴史的な街

歴史的城壁都市クエンカ

スペイン

日本からの距離 ✈ 約10,500km

バルコニーが崖下にはみ出す「宙づりの家」。街全体が宙に浮くように見えるクエンカ旧市街には、13世紀建造の聖堂、修道院が多数残る。

フランス

日本からの距離 ✈ 約10,000km

急峻な崖上にある天空の礼拝堂

サン・ミッシェル・デギレ礼拝堂

登録名「フランスのサンティアゴ・デ・コンポステーラの巡礼路」

82mの崖と一体化するようにそびえる奇跡の建造物、サン・ミッシェル・デギレ礼拝堂。街には岩山に立つ巨大聖母像もある。

11～15世紀に、キリスト教の3大聖地のひとつスペインのサンティアゴ・デ・コンポステーラへ向かうフランスからの巡礼の旅が全盛期を迎えた。この巡礼路が世界遺産に登録されている。4ルートある路の起点のひとつがル・ピュイ。この街には当時のキリスト教徒が建てた大聖堂や大聖母像があるが、ひときわ目立つ絶景を生み出しているのが、急峻な崖の上に建つサン・ミッシェル・デギレ礼拝堂だ。聖なる岩山の上に、奇跡的に建てられた聖堂の内部は、神秘的な雰囲気に包まれている。

見どころ

◆巡礼路はパリやヴェズレーを起点に、スペインでひとつになり、イベリア半島を縦断。道沿いの街はロマネスク調の聖堂が時代ごとに伝播している。

◆目的地のサンティアゴ・デ・コンポステーラには聖ヤコブが眠る壮大な大聖堂がある。

world heritage

第5章

世界の芸術的建造物たち

先人の造った芸術的な建造物は街だけでなく、国のシンボルとしてその圧倒的な存在感を放つ。目で楽しめる建造物を紹介!

『千一夜物語』を彷彿するアラブ王国の宮殿

アルハンブラ

登録名「グラナダのアルハンブラ、ヘネラリーフェ、アルバイシン地区」

見どころ

◆王の間の前には、ライオン像の口から水の出る噴水がある中庭。その奥にハーレムが。
◆中庭の中で最も美しい「アキセア」。水と緑と花で飾られ、その美空間に心が癒される。
◆一番高い城壁・ベラの塔からグラナダの街が一望できる。

「二姉妹の間」の天井には小粒の鍾乳石が一面に貼られており、イスラム建築と美術の粋を結集させた宮殿内でも、最も美しいと言われる。

太陽が降り注ぐスペイン、アンダルシア地方のグラナダ。この地には8世紀からイベリア半島を支配したイスラム教徒最後の国家があった。アブハンブラ宮殿で有名なグラナダ王国だ。13世紀に都が建設され、高度なイスラム文化が花開くが15世紀、キリスト教徒の侵攻に無血開城をした。いまも高台の広大な土地に残る大宮殿は平坦な外観とは裏腹に、内部は絢爛豪華にして美しい。天井の鍾乳石飾り、アラベスク文様の漆喰の壁。西欧の文化も混ざるこの王宮は、まさに『千一夜物語』の世界だ。

ギリシャ

メテオラ

奇岩群の上に建つ空中の修道院群

日本からの距離
約9,500km

標高400mに及ぶ切り立った絶壁の奇岩の上に、修道院が築かれている。ギリシャ中部のカランバカ郊外にあるメテオラだ。メテオラとは「宙に浮かぶ」の意。14世紀、セルビア王国の侵略を受け、ギリシャ正教徒は身を守るため、命がけでこの地に修道院を建て、隠遁生活を送った。当時は橋も階段もなく、岩をよじ登り100年近くをかけて建造された。最盛期には24もの修道院があったが、現在は6つだけが残り、いまも修道士や修道女が暮らす。奇岩群と修道院の複合遺産として登録されている。

見どころ

◆メガロ・メテオロン修道院内の博物館には聖書の写本、フレスコ画、イコンなどビザンチン芸術の品々が展示される。
◆修道院から見下ろすカランバカの街の眺めは絶景。
◆アギオス・ニコラオス修道院にはいまも搬送用の籠が。

美しい奇岩上にあるアギア・トリアダ修道院は絵葉書としてお馴染み。当時は滑車に吊るした網袋で出入りしたが、いまは石段で登る。

美しい湖に浮かぶ木造建築物の島

キジ島の木造教会

見どころ

◆キジ島の拠点、ペトロザヴォーツクは巨大観覧車があり、オブジェが公園内に点在する美しい街並の観光地だ。
◆島内の農家や風車内では当時の先住民が糸を紡ぐ様子などを展示。ワインレッドに輝くオネガ湖の景色も格段に美しい。

顕栄聖堂は22の丸いドームの屋根があり、板の瓦造り。しかも釘は一本も使わないで組み立てられている。木造技術の高さが窺える。

ロシア西部、フィンランドに近い広大なオネガ湖に浮かぶ、長さ7㎞、幅500mという小さなキジ島。この島には、ロシア正教会の木造教会、顕栄聖堂が保存されている。高さは37m、灰色のタマネギ型の屋根もすべて木造である。この島は先住民カレリア人の聖地。ロシア正教に改宗した彼らが豊富にある針葉樹の木で、16世紀に建てたが焼失。18世紀に再建されたもの。島内には、風車、農家、鍛冶屋、納屋などの木造建築物が移築され、島全体が木造建築博物館となり、ロシアで人気のスポットだ。

日本からの距離 ✈ 約10,000km

15世紀に王侯貴族が競って建てた城館群

シュリー-シュル-ロワールとシャロンヌ間のロワール渓谷

シュノンソー城は庭園と川と城館が一体化し、格段に美しいと称される。ヴェルサイユ宮殿に次いで、フランスで2番目に観光客が多いとも。

見どころ

◆シャンボール城には、レオナルド・ダ・ヴィンチが発案した有名な二重螺旋階段がある。
◆アンボワーズ城は、シャルル8世を始め多くの王家、ダヴィンチなどの芸術家も暮らした。
◆アンジェ城には黙示録のタペストリーと見事な庭園がある。

フランス中部のロワール川のほとりには、実に300以上の城が立ち並ぶエリアがある。10世紀、この地に城塞が建てられたのが始まりだが、15世紀ルネサンス期になると、王侯貴族が優雅な城館（居住用）を競うように造り始めた。なかでも特に有名なものをあげていくと、440もの部屋があるシャンボール城。アンリ2世が愛妾に贈ったといわれるシュノンソー城。そしてロワールの真珠と言われるアゼ・ル・リドー城……童話『眠れる森の美女』の舞台にもなったユッセ城もロワール渓谷の古城だ。

美しいモスクと広場のある砂漠のオアシス都市

イスファハンのイマーム広場

見どころ

◆モスク内の天井と壁面は、全面に草花をモチーフにした幾何学模様のアラベスク。イランの宝石と呼ばれる。
◆広場の北側に、8世紀から続いているバザールがある。ペルシャ絨毯や食材が安い価格で売られている。

モスクのエイヴァーン(高い玄関の門)の上は、ペルシャンブルーの鍾乳石のタイルと金の装飾で埋め尽くされる。息を飲むほどに美しい。

中東、イランの砂漠の中にあるイスファハン。16世紀にサファーヴィー朝が遷都し、貿易の要所として繁栄、「イスファハンは世界の半分」と称された。都市の中核は南北５１０ｍ、東西１６０ｍのイマーム広場。広大な敷地は2層のアーケードで囲われ、1階は店舗。この広場を見下ろすようにアーリーカープー宮殿や、ドームのタイルの色彩が美しいイマーム・モスクなどが立ち並ぶ。公園内には池、噴水、緑が広がる。そんなオアシスの都は、いまも昔と変わらずバザールでにぎわいを見せている。

097 ロシア

日本からの距離 ✈ 約7,500km

世界の名画を蔵する帝政ロシアの壮大な宮殿

サンクト・ペテルブルグ 歴史地区と関連建造物群

見どころ

◆エルミタージュは美術品と宮殿を同時に堪能。ゴッホ、ピカソなど、エカテリーナ2世が集めた名画は4000点以上。
◆イサク聖堂は高さ102m、奥行111mと世界最大級のドームをもつ。展望台からは水の都の街並を一望できる。

宮殿内（美術館）にはピョートル大帝の間や大広場、空中公園などがある。ネヴァ川対岸から見る宮殿はヴェルサイユに匹敵する美しさだ。

ロシア北東部、バルト海沿岸のサンクト・ペテルブルグ。この地は帝政ロシアの首都として、ピョートル大帝が18世紀初頭に建造した都。世界三大美術館の一角、エルミタージュ美術館で有名だが、館はもともとロマノフ王朝の宮殿（冬宮）。ネヴァ川沿いに建つ宮殿は5つの建物が繋がり、総部屋数は1050、その総面積は4万6000㎢にも及ぶ。外観はロシア風バロック、内装も贅の限りが尽くされている。世界遺産登録の数々の大聖堂と合わせ、ロシア王朝の栄華を伝えるには十分の宮殿だ。

岩山と一体化した壮大な海に浮かぶ修道院

モン-サン-ミシェルとその湾

見どころ

◆修道院内の大理石の柱が複雑に立つ回廊と、その中庭の美しさは絶景。
◆城周囲の干潟には羊が放牧されている。歩いて散策が可能。
◆門前の大通りや店が並ぶ小道も城塞だった時代の面影を残す名所だ。

ノルマンディ海岸沖1kmの岩山にそびえるこの寺院は10世紀に建造されたとき地続きだったという。だが、一夜にして満潮時は海に浮かぶ幻想風景になり、以来その奇跡からカトリックの聖地として多くの巡礼者が訪れた。急速な満潮の波にさらわれ、命を落とす者も多く出たという。14世紀の百年戦争の際は城塞となり、また牢獄にもなったが、現在は修道院に戻っている。19世紀に堤防道路が造られて以降、島周辺に砂が堆積、海に浮かぶ景色は消滅。このため、現在もとに戻す工事が行われている。

夕陽に輝く姿、夜にライトアップされた姿が美しいが、かつてヴィクトル・ユーゴーなどの文豪たちはみな海に浮かぶ姿を絶賛した。

英国王室の歴史と政治のモニュメント

ウェストミンスター宮殿

登録名「ウェストミンスター宮殿、ウェストミンスター大寺院及び聖マーガレット教会」

見どころ

◆寺院内の結婚式や戴冠式が行われる荘厳な聖堂や王家の墓を観光できる。
◆宮殿内にはシェークスピアなどイギリス文化人の記念碑も。
◆議会が行われている議事堂内を見学するツアーがある。英国民主主義の歴史を感じる。

高さ96mの時計台、通称「ビッグベン」は、イギリスの象徴的モニュメント。いまなお正確に15分おきに時の鐘が鳴り響く。

ウェストミンスター宮殿は、ロンドン観光ではお馴染みの中央部、テムズ河畔にそびえる。1050年に時のエドワード懺悔王が宮殿として建立したが、1530年に国会議事堂と裁判所になり現在に至る。建物は1834年に火災により一部を残して焼失。1860年に、ゴシック様式で再建されたものだ。世界遺産には、ウィリアム王子の結婚式、ダイアナ妃の葬儀など、イギリス王室の主要行事が執り行われる大寺院および聖マーガレット教会も登録。イギリス王室と政治の歴史を刻む建物群だ。

100

内観も美しいサントーセシル大聖堂。200㎡を超す巨大なフレスコ画の「最後の審判」は必見だ。

中世の美しい街並を残す
レンガ色の古都

アルビ司教都市

フランス

日本からの距離 ✈ 約10,000km

2010年に登録された、比較的新しい世界遺産。アルビはフランス南西部、スペインとの国境近くにある街だ。中世、ローマから派遣されたキリスト教司教によって治められていたことから「アルビ司教都市」と呼ばれ、レンガ造りの家々でまとめられた旧市街は、いまもその色を濃く残す。当時の美しい建造物も多く残っており、ベルビ宮殿、ヴィユー橋などが有名。13～15世紀にかけて造られたサント－セシル大聖堂は、南仏ゴシック様式の大作で、全長113m、高さ40mと、まるで要塞のような外観をもつ。

101

古都セゴビアはスペイン中部。古代ローマ時代から栄え、最盛期はカスティーリャ王国となった14～15世紀だ。街のシンボルは13世紀、高台に建てられた80mの望楼と丸屋根が美しいアルカサル（スペイン語で城の意味）。白雪姫の城のモデルだ。そして、もうひとつのシンボルがアソゲホ広場を横切る、古代ローマの巨大水道橋。18kmも離れた川から水を引く導水路のアーチは、2世紀初めの建造時のまま100年ほど前まで実際に水が流れ利用されていた。古代ローマの驚異の土木建設技術だ。

2世紀建造時の原形を保つ
813mの巨大アーチ

セゴビア旧市街とローマ水道橋

スペイン

日本からの距離 ✈ 約11,000km

高さ約30m、全長は813m。花崗岩の石を積み上げ、美しい2層のアーチを描く。現存するローマ水道橋の中で最も保存状態が良い。

ジェロニモス修道院

大航海の先陣を切った偉業を伝える建物

登録名「リスボンのジェロニモス修道院とベレンの塔」

見どころ

◆ジェロニモス修道院の大回廊はマヌエル様式の傑作。世界で最も古い馬車のコレクションが並ぶ国立馬車博物館もある。
◆テージョ川沿いにそびえるベレンの塔近くに「発見のモニュメント」。王子など大航海時代の32人の彫り物が素晴らしい。

ジェロニモス修道院の南門にはエンリケ王子像が。ちなみにヴァスコ・ダ・ガマが葬られている。

日本からの距離
約11,000km

15世紀、ポルトガルの若き王子エンリケは大航海の夢を抱き、大型船の建造や冒険家を支援した。その夢を叶えたのが、インド航路を発見したヴァスコ・ダ・ガマ。こうして貿易で繁栄を極めた海上王国ポルトガルが誕生したのだ。16世紀、マヌエル1世は王子の功績を讃えてジェロニモス修道院（写真）を、ヴァスコ・ダ・ガマの偉業にはベレンの塔をリスボンに建てた。これら建造物にはマヌエル様式という縄、貝殻、海草、天球儀などの細かい彫刻が一面に施され、海上王国の栄華を物語る。

103

オーストリア

ヴァッハウ渓谷の文化的景観

中世の古城や聖堂が並ぶドナウ流域の景勝地

見どころ

◆渓谷からは先史時代の土器などが発掘されている。有名な裸婦の石像「ヴィレンドルフのヴィーナス」は、ウィーン自然史博物館にある。

◆ベネディクト会修道院の中に、天井宗教画が見事な、中世の格調高い趣の図書館がある。

ヴァッハウ渓谷の中でロマンチックな街といわれるデュルンシュタイン。ドナウからの景観も街中も、中世の香りが色濃く残っている。

日本からの距離
約9,000km

約３０００㎞を誇るドナウ川流域の中で、「銀色に輝く帯」といわれる景勝地がオーストリアの世界遺産ヴァッハウ渓谷だ。世界遺産に登録されるメルクからクレムスまでの約35㎞は、斜面に美しい緑のブドウ畑が続く、のどかな景色の中に、中世の古城、聖堂、廃城などが点在している。一際見事なのがメルクの丘の上に建つベネディクト会修道院。10世紀には砦だったが、18世紀に美しいバロック様式の聖堂に生まれ変わった。ほかの古城も川沿いの斜面に立ち、緑の山々と相まって絶景を生み出している。

地下100mの岩塩鉱坑にある巨大空間の聖堂

ヴィエリチカ岩塩坑

見どころ

◆見学ルートが整備されている。中はまさに巨大地下迷路のような異空間。中世のロバや踏み車などを利用した作業風景が再現されている。
◆坑内には王の像、労働者の像、コペルニクス（ポーランドの天文学者）の像などがある。

シャンデリアが美しい岩塩の地下聖堂の広さは55m×18m。この地下空間には博物館もあり、往時の炭鉱労働者の仕事ぶりが再現されている。

地下１００ｍにある礼拝堂というと、隠れ教徒を想像するが、ポーランドのヴィエリチカ岩塩坑の礼拝堂はそうではない。７００年も岩塩採掘をした結果、最深部は地下３００ｍ、総延長３００㎞に及ぶ巨大空間が生まれたため、聖堂を作ったのだ。ここに岩塩を掘って造った、聖家族像、キンガ姫像、最後の晩餐の彫刻などがあり、祭壇なども岩塩でできている驚異の聖堂だ。現在この地下空間は、映画館や喫茶店、さらにはその独特の空気環境を利用した呼吸器系疾患の治療院にも利用されている。

日本からの距離 ✈ 約9,500km

傑作の彫刻群が出迎えるフランス最大級の聖堂

アミアン大聖堂

見どころ

◆夏の夜と新年に光の催しがあり、聖堂の扉が照らされ、彫像がオリジナルの色彩に輝く。
◆イエスなどが描かれた巨大なステンドグラスは圧巻。
◆サン・ルー地区では、赤レンガの家々に囲まれ、牧歌的な雰囲気の運河を眺められる。

内部は巨大なアーチ状の天井に鍵十字模様の大理石の床。そして芸術的な彫刻像が立ち並ぶ。写真は正面扉上の輝く彫刻群。

パリ北部のアミアン市にあるアミアン大聖堂は、聖母マリアに捧げる壮大なノートル・ダム寺院だ。高さ42m、奥行145mと、フランスで最大級を誇る。そのゴシック建築の傑作と言われる外観もさることながら、正面3つの扉の上に彫られた聖書をモチーフとした彫刻の数々は13世紀芸術の最高峰と言われる。最後の審判を下すイエス像、キリストを抱いたマリア像、そして最も有名なのは、美しき神（キリスト）を囲むように並ぶ使徒と預言者たちの像。中世カトリックの世界が、ここにある。

ヴィースの巡礼教会

涙を流したキリスト像があるロココ調最高傑作の教会

ヴィース巡礼教会は、ドイツのバイエルンの小さな村にある。外見に派手さはないが、内装は白亜の壁に金銀のロココ調装飾が溢れ、天井には美しいフレスコ画。特に奥の祭壇は眩いばかりの装飾で、幻想的な雰囲気も醸し出す。この教会はドイツのロココ調の最高傑作と名高い。なぜ、このような豪華な教会が片田舎に建てられたのかというと、祭壇に飾られる「鞭打つキリスト像」が1738年に涙を流したという奇跡が起き、以来この教会に巡礼者が押し寄せたから。巡礼はいまも続いている。

日本からの距離
約9,500km

見どころ

◆著名建築家、フレスコ画家のツィンマーマン兄弟が生み出した内装はドイツ・ロココ調の最高傑作。天井画の「キリストの再臨」も傑作と名高い。
◆教会のあるシュタインガーデンは、ドイツ・ロマンチック街道にほど近く、アルプスを望む。

祭壇の下部に涙を流した奇跡のキリスト像がある。約20年前に修復され、1757年建設当時の幻想的な装飾がいまも金銀に輝いている。

日本からの距離 ✈ 約10,000km

岩盤を削り地下に造られた驚異の岩の聖堂群

ラリベラの岩窟教会群

巨大な岩を掘り下げて造られた聖ギオルギス教会。中は3階建で、別名「ノアの方舟」。どう彫られたのかはいまだに謎だ。

見どころ

◆最大の聖堂メドハネ・アレムは、幅22m、奥行33m、高さ11mもある。地下にほかの教会と繋がる通路がある。

◆エチオピアには、シヴァの女王の宮殿跡が残る最古の都アクスムの遺跡もあり、人気の観光スポットになっている。

地面の硬い岩盤を掘り削り、屋根の形が聖十字形になるように造られた聖ギオルギス教会。十字の大きさは縦横深さともに12m。想像を絶する建築物だ。場所はアフリカ中部、エチオピア高原の北東部。地下洞窟は複雑に入り組み、壁や天井に聖母マリアやキリストのフレスコ画が描かれている。ザグウェ朝の敬虔なエチオピア正教徒たちが、ラリベラ王の命で12世紀から１２０年の歳月をかけ、このような地下教会を11も造り上げた。エチオピアはいまもキリスト教徒の国で、巡礼者が引きも切らない。

世界の庭園設計に影響を与えた水の都

杭州西湖の文化的景観

西湖は南北3.3km、東西2.8km、水域面積6.5㎢。正確には湖ではなく干潟で、水深は2m程度のため庭園のような景観を生み出す。

見どころ

◆南宋時代の繁華街を再現した歩行者天国・河坊街がある。
◆禅宗2000年の歴史をもつ霊隠寺には、中国最大の木彫り釈迦弁尼の座像が安置されている。
◆岳廟には、宋時代の英雄、将軍岳飛の墓がある。

中国十大風景名勝のひとつである西湖は、どの景観もすべて水墨画のような味わいがある。「地上の楽園」と称され、マルコ・ポーロが17年も滞在したのもうなずける。遠くに樹木に覆われた山があり、波の立たない水面には鯉がのぞき、岸辺には伝統的な木造の建物。2011年に登録された理由は、「景観に対する中国の美学思想を反映し、中国だけでなく世界の庭園設計に影響を与えた」ため。福岡市の大濠公園の池は西湖を模したものだが、溯れば日本庭園のルーツも、ここに辿り着くのかもしれない。

日本からの距離 ✈ 約2,000km

歴代皇帝が居住した壮大なスケールの宮殿群

北京と瀋陽の明・清朝の皇宮群

見どころ

- ◆世界最大の城門の上の楼閣から、世界最大の広場、天安門広場を一望できる。
- ◆後三宮区の西に位置する妃たちの居住地は西太后時代の状態のまま現存している。
- ◆九龍壁と呼ばれる鮮やかな龍が彫られた巨大壁も名物だ。

故宮中央に位置し、ひと際目立つ太和殿は巨大な基台まで含めて高さ35m。奥に玉座が置かれ、ここで主要な儀式が執り行われた。

北京の中心にある故宮は通称「紫禁城」で知られる。濠と城壁で囲まれ、その周囲は東西７５３ｍ、南北９５１ｍ。７００もの殿、閣、堂、房などがあり、総部屋数は９９９９・５と言い伝えられる、世界最大級の宮殿だ。明朝から清朝（14〜20世紀）の時代に、皇帝の居城、政治の中心であった。故宮の中心には映画『ラストエンペラー』の舞台になった太和殿。これは中国最大の木造建築物だ。また、中国東北部にある瀋陽故宮は、清朝初代皇帝が築いた都跡。どちらも現在は博物館となっている。

COLUMN

この観光地も世界遺産!?

自由の女神やピラミッドなど、世界遺産であるということより
それ自体が有名な定番観光スポットを集めた。

111 ピサの斜塔

1173年に建築工事が始まったが、軟弱な地盤のせいで着工当初から傾き始め、完成までに約200年もかかっている。鐘楼（斜塔）が有名だが、世界遺産への登録は、大聖堂、洗礼堂なども含めた「ピサのドゥオモ広場」（1987年登録／イタリア）。

110 自由の女神像

アメリカの象徴。独立100周年の記念にフランスから贈られたもので、除幕式は1886年。像の高さは46mで、台座も合わせると93m。総重量は約225tもあり、パリからニューヨークへは214個に分解されて運ばれた（1984年登録／アメリカ）。

112 タージ・マハル

17世紀、ムガル帝国最盛期の王、シャー・ジャハーンが、妻の死を悼み、22年もの歳月をかけて建てた霊廟。世界各国から職人が2万人、宝石が何種類も集められ、使用されている。総大理石造りの超ゴージャスな建造物（1983年登録／インド）。

113 エッフェル塔

フランス革命100周年を記念して、1889年にパリで行われた第4回万国博覧会のために建造された高さ300m超の鉄塔。世界遺産としての登録は、ルーヴル美術館、ノートル・ダム大聖堂なども含め「パリのセーヌ河岸」（1991年登録／フランス）。

114 ピラミッド

最初に造られたのは前2650年頃。王の墓と考えられてきたが、いまだ解明されない部分が多い。手前はスフィンクス。正式な登録名は「メンフィスとその墓地遺跡―ギーザからダハシュールまでのピラミッド地帯」（1979年登録／エジプト）。

115 サグラダ・ファミリア

スペインが生んだ天才建築家、アントニ・ガウディが建築主任を務めた聖堂。彼の交通事故死によって建設が一時中断し、現在もいまだ建築中。世界遺産「アントニ・ガウディの作品群」（1984年登録／スペイン）に、2005年追加登録された。

world heritage
第6章

現代に残る人類の足跡

謎のヴェールに包まれた古代文明の存在を示す遺跡の数々。
はるか昔より歩み続けた人類の足跡がここにある!

カンボジア

日本からの距離 ✈ 約4,500km

精緻な彫刻物が施された密林の巨大都市遺跡

アンコール

116

カンボジアのアンコール遺跡。なかでも一番大きなアンコール・トムは、1辺が3000mもあり、周囲が堀(聖なる池)で囲まれている。

アンコール遺跡はカンボジアの北西部、広大なジャングルの中にある、700に及ぶ遺跡群。9世紀にインドシナを支配したクメール王国の都だ。王は代々、仏教・ヒンドゥー教の大寺院や王宮を造り続けた。なかでも「東洋の奇跡」と言われるアンコール・ワットは、200mに及ぶ大回廊に見事な彫刻が施され、見る者を圧倒する。また、最も大きな城塞、アンコール・トムは総面積9㎢に及ぶ。これだけの栄華を誇った王国は14世紀、アユタヤに滅ぼされ、19世紀の発見まで森に埋もれていた。

見どころ

◆タ・プロム遺跡は『トゥームレイダー』『天空の城ラピュタ』のモデル。ガジュマルの木が遺跡を覆う風景が幻想的。
◆東のアンコール・ワットと呼ばれる遺跡ベンメリア。瓦礫の山が残り、発掘時の冒険の雰囲気が味わえる。

見どころ

◆ワット・シー・チュムは鎌倉大仏と同じくらいの大きさの仏像。残った柱の中に、鎮座する姿がなんとも印象的。
◆ワット・サパーン・ヒンはブッタの立像。遺跡のある小高い丘から緑豊かなスコタイ一帯を一望することができる。

タイ初の王朝が築いた仏教芸術の都の遺跡群

古代都市スコタイと周辺の古代都市群

ワット・マハタートはスコタイで最も格式高い王室寺院跡。多数の仏塔やブッダの坐像や立像、柱などがところ狭しと並んでいる。

バンコクから北へ約４００㎞。スコタイは13世紀に、タイ人が初めて打ち立てた王朝の都跡。クメール人を追放、タイ語をつくり、上座部仏教を導入、現在のタイ文化の源流を築いた。２㎞弱四方の城壁と三重の堀に囲まれる都城には、鎮座する巨大仏像をはじめ、多数の仏像がある。また、王宮跡や20ほどの寺院、２００ほどの塔の遺跡などが点在。スコタイ王朝はマレー半島を支配する勢いだったが、２００年ほどでアユタヤ朝に併合された。この地は、いまも僧侶たちの聖地となっている。

118

保護のため移築された
エジプト最大の岩窟神殿
アブ・シンベルからフィラエまでの

ヌビア遺跡群

エジプト

日本からの距離 ✈ 約**10,000**km

神殿は秋分と春分の日に朝日が内部奥まで注ぐ。古代、ナイル川の船上からこの神殿を見たら、その威圧感は想像を絶したことだろう。

エジプト最南端のナイル川沿いにあるアブ・シンベル神殿は、古代エジプト最大の岩窟神殿だ。前13世紀、絶頂を極めたラムセス2世が建造。正面に座す高さ20mの4つの巨像はすべてラムセス2世。この神殿をはじめフィラエ神殿など10遺跡群が世界遺産登録されている。1960年代、アブ・シンベル神殿はアスワン・ハイダム建設による水没の危機に直面することに。そこでユネスコが50カ国の協力を取りつけ、60mの高台に移築した。これを機に、世界遺産の概念が生まれたのだという。

119

古代エジプト王朝の成立は前30世紀頃とされるが、前20世紀～前11世紀まで都となったのがテーベ。現在のルクソールだ。壮大な都市と人々の暮らしを窺える名所だが、メインはカルナック神殿だ。最高神の太陽神ラーを祀る宮殿で、何代にもわたり増築され、500m四方にも及ぶ。高さ30mもあるハトシェプスト女王のオベリスクや聖なる虫スカラベの像がある。また、ナイル川西岸には〝王家の谷〟と呼ばれる王墓群がある。ミイラや副葬品が多数出土し、発掘はいまも続いている。

カルナック神殿を擁する
古代ギリシャの都

古代都市テーベとその墓地遺跡

エジプト

日本からの距離 ✈ 約**10,000**km

カルナック神殿には巨大なラムセス2世の像がそびえ、さらに23mもの岩柱が134本も並ぶ。エジプト王国最大の神殿の威容は圧巻。

ペトラ

砂漠の渓谷を彫り抜いて造られた幻の都

見どころ

◆エド・ディルは高さ40mとペトラ最大の神殿。屋根の上に登ることもできる。
◆高台まで登ると、遺跡と周囲の渓谷を一望できる。
◆ペトラの拠点ワディ・ムーサは、モーゼが岩から水を湧き出させたと言われる街。

約2000年前に建造されたエル・ハズネ。外部の精巧な彫刻が残っている。ここは『インディージョーンズ・最後の聖戦』の舞台になった。

日本からの距離
約9,500km

ヨルダンの首都アンマンから南に190kmの砂漠の渓谷地帯。シクと言われる巨大砂岩の細い裂け目の道を30分歩くと、突然視界が開けた先に、岩肌を彫り抜いて築かれた、薄ピンクに輝く高さ30mもある神殿が現れる。王の宝物殿、エル・ハズネだ。この都は前1～3世紀、貿易で潤ったナバティア王国の遺跡。すべて砂岩を彫り抜いて造られている都はローマ宮殿を模し、円形劇場、浴場、住居跡、礼拝堂、墳墓群などが残る。8世紀の地震で壊滅し、発見される19世紀まで完全に砂に埋もれていた。

メキシコ

日本からの距離 ✈ 約11,500km

生贄と天体観測の習慣を色濃く残す古代マヤ遺跡

古代都市チチェン-イッツァ

通称「暦のピラミッド」。春分と秋分の日の日没時だけ、大蛇（神）が舞い降りたように階段に影ができるよう設計されている。

見どころ

◆聖なる泉セノーテは、聖地としての象徴。中から発見された財宝はメリダの人類学博物館に展示されている。
◆遺跡から15分の場所には、泳げる美しい泉も。
◆近隣は鳥獣保護区。ジャングルツアーが人気。

メキシコ南東部のユカタン半島にあるマヤの古代都市チチェン-イッツァは11〜13世紀に繁栄した。干ばつや疫病時に、活発に生贄の習慣が行われ、街の中心の聖なる泉に、頭骨や財宝が投げ込まれた。ほかに、生贄の心臓を載せるチャック・モール像のある戦士の宮殿、生贄を決めた球戯場もある。また、天体観測も特徴。365段が1年の暦を表す巨大なピラミッドの神殿エル・カスティーヨや、現代と同じドーム型の天文台遺跡なども。滅亡後も、聖なる泉の地として巡礼者が後を絶たない。

太陽のパワーを感じる巨大ピラミッド遺跡

古代都市テオティワカン

太陽のピラミッドは、夏至に太陽が正面に沈むように設計されている。頂上には祭壇があり、宗教儀式が執り行われていた。

見どころ

◆太陽のピラミッド頂上は、パワースポットとして特に有名。観光客は皆、階段で登り、岩に指を付けてパワーを吸収。ここからは、遠くメキシコシティまでを一望できる。

◆ケツァルコアトル神殿には、建設時の赤と緑の色彩が残る。

メキシコシティの北西50㎞、標高2300mの高原に巨大ピラミッド群――テオティワカンがある。アステカ文明より前、前2世紀から6世紀に繁栄した宗教都市遺跡だ。天体観測を駆使して造られた街には、世界で3番目に大きい太陽のピラミッドが鎮座する。一辺222mの正方形、高さは65m。往時は表面を石灰で平らにし、赤い塗料が全面に塗られていたという。まさに太陽の象徴だ。さらに、月のピラミッドなど600ものピラミッドや宮殿が並ぶ。最盛期、10～20万もの人口を擁したという。

日本からの距離 ✈ 約12,000km

楕円形ピラミッドと神秘的なプウク様式の遺跡群

古代都市ウシュマル

見どころ

◆尼僧院の壁面のククルカンなどの神々の彫刻物は、どう見ても宇宙人のような異様さを醸し出している。
◆公園内の博物館にはマヤ文明神秘の彫刻物が多数、展示されている。公園周囲では野生のイグアナに出会える。

魔法使いのピラミッドは横から見ると弧を描く美しい形状。魔法使いの息子が1日で建てたという伝説も。壁面の彫刻物にパワーを感じる。

メキシコの南東部、ユカタン半島のプウクの森の中にあるウシュマルは、7〜10世紀に栄えたマヤ遺跡。儀式用の高さ35ｍのピラミッドは丸みを帯びた楕円形という独特の形状だ。周囲に点在する建物群も、プウク式と呼ばれる独特なもの。横に長い回廊式で、壁面には幾何学模様の正方形の石の上に、不思議な人面や蛇が立体的にアレンジされている。16世紀、スペイン人に征服され、建物に「総督の館」「尼僧院」などと名がつけられたが放棄され、いまなお土の中に巨大ピラミッドが埋もれている。

ティカル国立公園

密林にそびえるピラミッドはマヤ文明最大最古の遺跡

見どころ

◆博物館にはマヤ文字を刻んだ骨などが展示されている。
◆4号神殿の頂上に登ると神秘の絶景。どこまでも続く森の海に、ピラミッドが浮かんでいる。
◆ティカル遺跡の拠点、フローレスには風光明媚な名所、フローレス島がある。

野鳥やサルの鳴き声が響く奥深いジャングルの中。その神秘な雰囲気から『スター・ウォーズ エピソードIV』のロケ現場にもなった。

日本からの距離
約12,000km

17世紀、中米グアテマラ北東部の密林地帯でスペイン人神父が道に迷い偶然見つけた巨大ピラミッド。マヤ文明最大にして最古の都市ティカルは、前6世紀頃に始まり、3~9世紀に最盛期を迎えた。6万人が暮らした都の中心には4基のピラミッドがあるが、高度な天体観測技術と石造技術で建てられた、マヤ文明の最高傑作だ。マヤ文字が刻まれた石碑から、大規模な農耕と交易がなされていたこともわかっている。そんな高度な古代都市も、10世紀に干ばつであっさり放棄されてしまった。

125

イスラエル

マサダ

ユダヤ民族の抵抗の歴史を伝える城塞

長さ600mの宮殿跡にはアーチなどの遺跡が残る。ちなみに2012年はイスラエルと日本の国交60周年。日本人観光客誘致にも力が入る。

見どころ

◆頂上にはロープウェーで登れ、住居、食糧倉庫、風呂、貯水槽などの遺跡がある。
◆マサダ周辺には攻落のためにローマ軍が築いた野営地の跡も現存している。
◆すぐそばにある死海は海岸リゾートとして整備されている。

日本からの距離
約9,000km

浮きながら本が読める死海の海岸沿いにそびえる400mの岩山が、ユダヤ人には深い意味をもつマサダである。紀元1世紀の66年、ユダヤ戦争によってローマ軍がエルサレムを攻落。このとき逃げ落ちたユダヤ人967人が、かつてヘデロ王の築いた城塞跡・マサダに立てこもった。難攻不落の城塞は、1万を超えるローマ軍に、3年ものあいだ抵抗を続けた。しかし最後は集団自決に至る。ここからイスラエル建国までの2000年に及ぶ、ユダヤ民族離散の歴史が始まったのである。

スーダン

日本からの距離 ✈ 約10,500km

エジプトも支配した古代黒人王国の遺跡

メロイ島の古代遺跡群

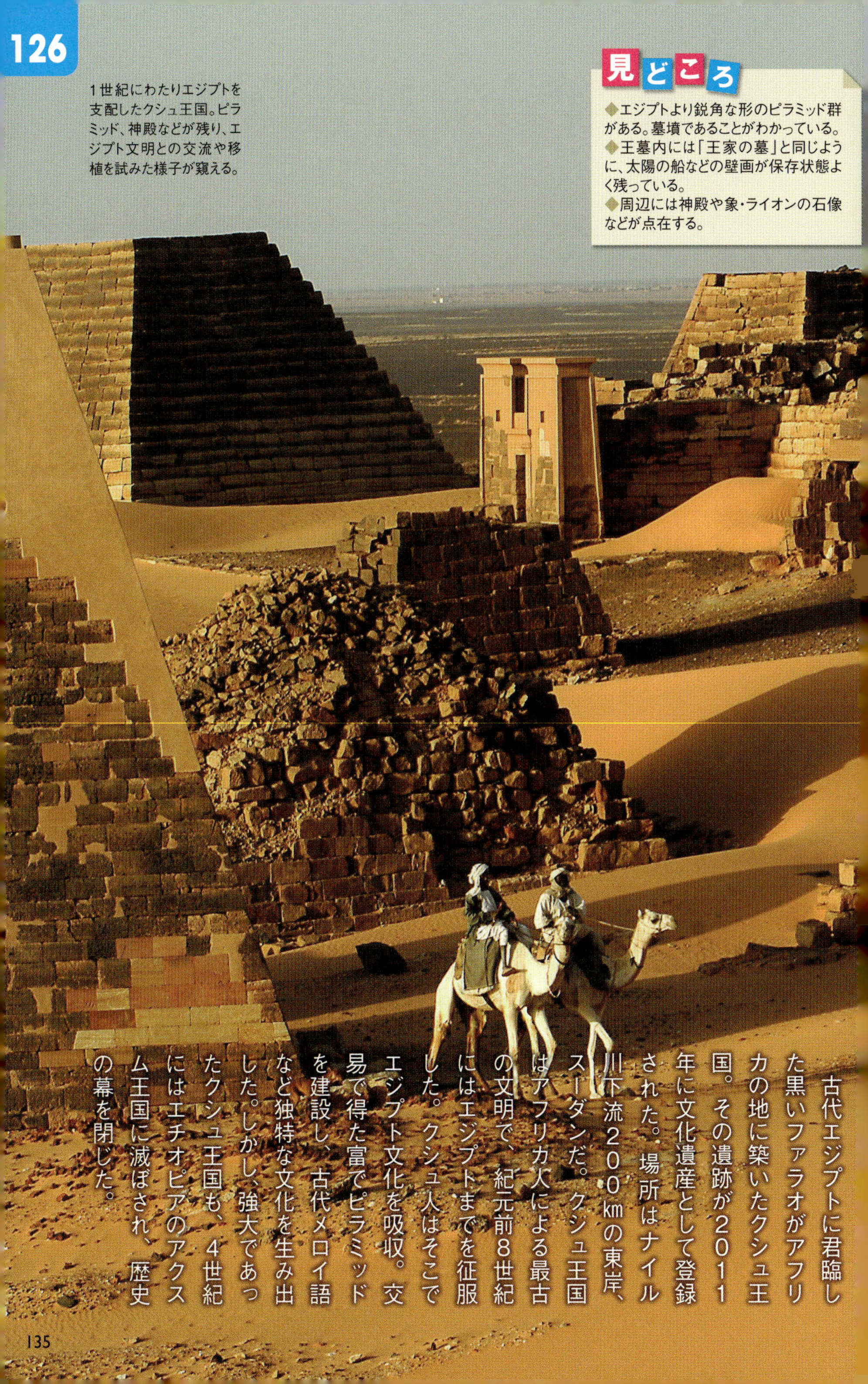

1世紀にわたりエジプトを支配したクシュ王国。ピラミッド、神殿などが残り、エジプト文明との交流や移植を試みた様子が窺える。

見どころ

◆エジプトより鋭角な形のピラミッド群がある。墓墳であることがわかっている。
◆王墓内には「王家の墓」と同じように、太陽の船などの壁画が保存状態よく残っている。
◆周辺には神殿や象・ライオンの石像などが点在する。

古代エジプトに君臨した黒いファラオがアフリカの地に築いたクシュ王国。その遺跡が2011年に文化遺産として登録された。場所はナイル川下流200kmの東岸、スーダンだ。クシュ王国はアフリカ人による最古の文明で、紀元前8世紀にはエジプトまでを征服した。クシュ人はそこでエジプト文化を吸収。交易で得た富でピラミッドを建設し、古代メロイ語など独特な文化を生み出した。しかし、強大であったクシュ王国も、4世紀にはエチオピアのアクスム王国に滅ぼされ、歴史の幕を閉じた。

見どころ

◆大地震で壊滅したが、バッカス宮殿は、ほぼ全景を留めている。倒れた巨大列柱が転がるさまも圧巻だ。
◆同じベカー高原には、9世紀ウマイヤ朝の都市、アンジャルの遺跡もある。2重構造のアーチ柱が名物だ。

3つの神が祀られる古代ローマ最大の聖地遺跡

バールベック

列柱6本と、ライオンの雨といの一部を残すのみとなってしまったジュピター神殿は、ヘレニズム建築の最高峰と言われている。

ベイルートから85kmのベカー高原に、カエサルが構想したとされる古代ローマ時代の壮大な神殿跡がある。バールベックだ。紀元後1～3世紀、この地にアウグストゥスらのローマ皇帝が3つの神を祀る神殿を建てた。美と愛のヴィーナス神殿、ジュピター神殿と、酒の神のバッカス宮殿だ。なかでもジュピター神殿は高さ20m、直径2・2mの列柱が58本も並ぶ壮大な建築物だった。往時は巡礼者でにぎわう最大の聖地だったが、4世紀に聖堂になり、その後イスラムの城塞に。18世紀の地震で崩壊した。

128 シリア

日本からの距離 ✈ 約9,000km

美しい女王が支配した砂漠の商業都市遺跡

パルミラの遺跡

見どころ

◆野外ローマ劇場は往時の姿を残しており、伝統舞踊などの催しも行われる。
◆高台のアラブの城からは、広大なパルミラを一望できる。
◆近隣にはナツメヤシやオリーブが生い茂っている、まさに砂漠のオアシスがある。

かつてはコリント様式の列柱が375本も連なる大通りが1km以上も続いていたという。現在も円柱が150本あり、壮大な眺めだ。

ダマスカスの北東、シリア砂漠の中に、「世界で最も美しい廃墟」と言われる遺跡がある。パルミラだ。前1～後3世紀、ローマの属領として、シルクロードの中継都市となって栄えた。通商権で得た富で街にローマ式の神殿、劇場、浴場を多数建設し、一部は当時の姿のまま残る。273年、クレオパトラの末裔とされる美しい女王ゼノビアがローマからの独立を謀り、ローマ軍の総攻撃の前に敗れて街は破壊されてしまった。12㎢にも及ぶ遺跡は、いまは砂漠と一体化し、民衆の憩いの場となっている。

アポロン神殿を擁するギリシャの聖地

デルフィの古代遺跡

見どころ

◆デルフィ博物館にはオンファロスの石や、傑作と言われる御者の像などが展示されている。
◆競技場は178mのトラックがあり、いまもスタート版の石が残っている。
◆近隣には絵のように美しい村・アラホヴァがある。

アポロン神殿跡は現在、柱6本のみが残る。写真はプロナイアという聖地に残る円形の神殿トロス。最も美しいと言われる遺跡だ。

古代ギリシャのアポロン神殿は、各地から首長や巡礼者が集い、立ちのぼる湯気の中、巫女が語る太陽神の不思議なお告げに、人々は聞き入った――。前6世紀頃に建てられたそのアポロン神殿が残るデルフィの遺跡群は、アテネ北西１７８kmのパルナッソス山の斜面にある。神殿はもともと38本の円柱が並び、地下聖堂には世界の中心を示す「オンファロス」（大地のへそ）という石が鎮座していた。山の斜面には、ほかにも野外劇場や競技場跡が残っており、往時のにぎわいを彷彿とさせる。

130

長い歴史の面影を残す
フランス南部の都市

アルル、ローマ遺跡とロマネスク様式建造物群

フランス

日本からの距離 ✈ 約10,000km

円形闘技場は、客席の最上層がなくなってはいるものの、保存状態がよく、いまでも闘牛などのイベントに使用されているほど。

フランス南部のアルルは、プロヴァンス地方を代表する都市のひとつ。歴史は古く、前1世紀にカエサルによって築かれた植民都市がその起こり。当時に造られた円形闘技場、劇場、大浴場など、多くの古代ローマ時代の遺跡が、街の随所に残っている。また、11〜12世紀にかけて造られたサン・トロフィム大聖堂が、いまも教会として残る。回廊を飾る彫刻が、ロマネスク様式の傑作として高い評価を受けており、世界遺産となっている。また、ゴッホとゴーギャンが共同生活をしていた街としても知られる。

131

ポン・デュ・ガールとは、「ガールの川にかかる橋」という意味。古代ローマ時代、ユゼスからネマウスス（現在のニーム）まで水を供給するために造られた水道橋で、当時は1日あたり約2万㎥の水を供給していた。すでに完成から2000年以上が経過しているにもかかわらず、かなりきれいな状態で残っているのが驚きだ。高さが49mあり、長さは275m。3層のアーチによって構成され、一番上の層が導水路になっている。年間数㎜ずつ傾いており、約2000年後には倒壊するとも言われている。

2000年以上前に造られた
古代ローマ時代の水道橋

ポン・デュ・ガール（ローマの水道橋）

フランス

日本からの距離 ✈ 約10,000km

3層アーチ構造は、建設のコストや合理性などを緻密に計算した結果。そのため、着工からわずか5年で完成させることができたのだ。

日本からの距離 ✈ 約3,000km

巨大ピラミッドの墳墓と陶製兵士人形群

秦の始皇陵

見どころ

◆陵墓は木の生えた小高い山のようだが、近年に石の階段が整備され、頂上に登ると、展望台がある。

◆西安には明代、唐代の寺院が点在している。阿房宮を復元したテーマパークもあり、古代中国の都に想いを馳せられる。

紀元前3世紀——秦の始皇帝は中国で初の統一事業を成し遂げ、即位から40年の歳月をかけて巨大な墳墓群を築いた。陝西省西安から30㎞、驪山《れいざん》の麓に位置し、高さ87ｍ、一辺３５０ｍの巨大ピラミッドだが、遠目には小高い山に見える。この地下に司馬遷が記した地下宮殿があるとも言われるが、発掘はまだ行われていない。１９７４年、陵から東１㎞地点で農民が兵馬俑８０００体の並ぶ副葬坑を発見。20世紀最大の考古学的発見となった。この兵馬俑坑も合わせて世界遺産に登録されている。

兵馬俑は一体ずつ顔つきや服装が異なり、整然と東を向いて並ぶ。これだけの陶製人形がそのままの姿で出土するのはまさに奇跡。

スリランカ　日本からの距離 ✈ 約6,500km

ジャングルの巨岩に築かれた、狂気の王の城跡

古代都市シギリヤ

岩山に登るための階段の入り口の城門には、かつて巨大なライオン像が威容を放っていた。しかし現在は足先が残るのみとなっている。

見どころ

- ◆岩山中腹の壁に、裸体の天女22体の色鮮やかなフレスコ画が残っている。その官能的な美しさは世界を驚かせた。
- ◆岩山の上からは広大なジャングルのパノラマが見られる。
- ◆スリランカのそのほか4つの仏教芸術の世界遺産も注目。

スリランカのコロンボから163㎞、セイロン山脈の森の中に、忽然と現れる高さ180mの岩山。この断崖絶壁の巨大岩が5世紀、シンハラ朝カッパサ王の建てた古代都市シギリヤだ。崖上100m×180mに、貯水池、王宮、兵舎、ホールなどの跡があるが、建物は現存しない。カッパサ王は父を殺害、弟を追放して王位を奪ったが、弟の襲撃を恐れ、この岩に城塞都市を築いたのだ。だが、築城から4年後、弟が攻め込み、王は自害。城塞は歴史の闇に消えた。在位わずか11年。狂気の王の夢の跡である。

134

9世紀に花開いたインドネシア
最大のヒンドゥー寺院遺跡

プランバナン寺院遺跡群

インドネシア

日本からの距離 ✈ 約6,000km

シヴァ堂の回廊には、壁一面にインド古代抒情詩の周密なレリーフが42面にわたって施されている。重厚感のある石組みが印象的だ。

ジャワ島の玄関口ジョグジャカルタから東へ15kmの平原にあるプランバナン寺院遺跡群は、9世紀に繁栄したマタラム王国が建立したヒンドゥー教寺院跡だ。ヒンドゥー寺院遺跡としてインドネシア最大級であり、またジャワ建築の最高傑作と称される。中心をなすロロ・ジョングラン寺院には、巨大な6つの尖った祠堂があり、真ん中の堂は高さ47mを誇る。堂中にはシヴァ神や象の頭を持つガネーシャなど、ヒンドゥー教の神々の石像が祀られている。地震による崩壊と修復がいまも続けられている。

135

グレート・スケリッグ・マイケルは、アイルランド南西部の沖合にある長さ1km、幅500mの岩の島。人は住めそうもないが、7世紀に造られた初期キリスト教の修道院跡がある。山の斜面のテラスにある大礼拝堂と修道士が暮らした僧房は、1000年以上前のものが遺跡として残る。ともに石を球状に積んだだけの蜂の巣形の建物。にわかには礼拝堂とは思えないが、横には墓地があり、石で十字架が造られている。自給自足の菜園跡もあり、隔絶された岩山での修行生活が偲ばれる遺跡だ。

7世紀の蜂の巣型の
修道院が残る岩の島

スケリッグ・マイケル

アイルランド

日本からの距離 ✈ 約10,000km

遺跡のある斜面から見えるのが、約3分の1の大きさのスモール・スケリッグ・マイケル。こちらの島は海鳥たちの楽園となっている。

高さが20階建てのビルに相当する中国最大の仏像

峨眉山と楽山大仏

肩幅は28m。足の甲の上に人が100以上乗れる巨大さ。高さは、奈良・東大寺の大仏のおよそ5倍。眼下の荒れる川を見守っている。

見どころ

◆峨眉山は天下の名勝といわれ、古くから李白などが愛した地。
◆峨眉山には唐・明代の寺院が多数残っている。なかでも最大規模の報国寺には、黄金の釈迦如来像や4700体もの仏像が彫られた紫銅華厳塔(しどうけごんとう)などがある。

中国四川省の中南部にある峨眉山《がびさん》は中国四大名山のひとつ。標高３０９９ｍの峰を筆頭に重なり合う山並が名勝だが、ここは仏教の聖地でもあり、唐代、明代には１００以上の寺院があった。この山から東へ約20kmの崖の中に鎮座するのが、楽山《らくさん》大仏だ。巨大な手と足。高さはビルおよそ20階に相当する71ｍと、破格のスケール！７１３年に崖下の川の安全祈願のために彫られ始め、90年の歳月をかけ完成した。当時は全身が金色に彩色され、13層もの木造の楼閣に覆われていたという。

137

イラン　日本からの距離 ✈ 約8,000km

前6世紀、世界を制覇したペルシャの聖都遺跡

ペルセポリス

クセルクス（万国の門）には巨大な牡牛像、人面有翼獣神像が立つ。往時の権勢を示すレリーフは2500年前のものながら保存状態がよい。

見どころ

◆王妃の住居跡は復元され、当時の華やかさをしのばせる。
◆北西約6kmのナクシュ・ロスタムにアケメネス朝の王墓が4つある。
◆シラーズにはイスラム王朝ザンド朝（18世紀）のカリーム・ハーン城塞もある。

首都テヘランから南へ900kmにある砂漠の街・シラーズ。ここに、前6世紀にエジプトからインドまでを支配した帝国・アケメネス朝ペルシャの遺跡、ペルセポリスがある。東西290m、南北445mもある大宮殿の広大さが往時の偉大さを示すが、王が住む都ではなく、儀式を行う聖都だった。敷地には獅子や牡牛や人物の見事な浮彫の柱が多数残り、玉座殿、謁見殿、宮殿、宝物庫などの遺構もある。前4世紀、権勢を誇った帝国はアレキサンダー大王に滅ぼされ廃都に。80年前に発掘された。

138

COLUMN

誰が作った!? 世界遺産

人類による遺跡なのか、それとも!?

ハチドリの絵図は長さ96m。最も大きいのはペリカンで285mに及ぶ。大きすぎて地上からは形を確認することはできない。

ペルー　日本からの距離 ✈ 約16,000km

見る者を圧倒する大地に描かれた巨大絵図

ナスカとフマナ平原の地上絵

ペルー南部の乾燥地帯。砂漠のようなナスカとフマナの平原で、１９３９年に巨大絵図が発見された。４００㎢の範囲に、７００を超える絵図が確認されている。ハチドリ、クモ、サルなどから宇宙人に見える絵図まで、その大きさは20～３００ｍに及ぶ。これら絵図は古代ナスカ時代の紀元前２～紀元後7世紀にかけて描かれたとされる。線は深さ20～30㎝程度の溝という単純なものだが、降雨が極端に少ないため、消えることがない。製作目的は、雨乞いや宇宙人との交信など諸説あるが不明なままだ。

139

草原に忽然と存在する
謎の巨石群

ストーンヘンジ、エーヴベリーと関連する遺跡群

イギリス

日本からの距離 ✈ 約9,500km

円の直径は100m。重さ25〜50tの石が約30mごとに並ぶ。夏至の日の朝、ヒール・ストーンから日が昇るように組まれている。

ロンドンから200㎞西に行ったソールズベリーの大平原の中に、高さ4〜7mに及ぶ巨石群が見える。これが観光地としても人気のストーンヘンジだ。エーヴベリーは、ストーンヘンジから北30㎞にあり、ともに紀元前2000年代頃の先史時代に造られた遺跡。約1300mの円周上に100個の石が立つ、ヨーロッパ最大級の遺跡だ。これらの遺跡の目的は謎だが、高度な天文学を駆使して造られたことがわかっている。果たして、アングロサクソン人が入植する前、ここに誰がいたのか——。

140

南米のチリから西へ3700㎞、太平洋の絶海に、モアイ像で知られるイースター島はある。163㎢の島全体が先住民の文化を残す地として登録された。島内には1000体近いモアイ像があるが、ほとんどが倒れ岩山と化している。4世紀頃、渡来したポリネシア民族が10世紀から像を造り続けたが、その後、新たに移住してきた部族らと対立し、負けた部族の像が倒されたという。しかし、なぜ像が造られたのかは世界の七不思議のひとつ。有名な15体並ぶモアイは、20世紀に立て直されたものだ。

海岸にモアイ像が屹立《きつりつ》する
不思議な先住民の島

ラパ・ヌイ国立公園

チリ

日本からの距離 ✈ 約13,500km

高さは3〜5m程度。かつては黒曜石と珊瑚で作った美しい目玉がはめ込まれていた。伝説によると、モアイは自ら歩いたのだという。

第7章
world heritage

車窓から楽しめる世界遺産

列車から世界遺産が観られる、希少なスポットをピックアップ。
鉄道ファンならずとも胸おどる、絶景・名勝が揃った。

ドイツ

日本からの距離 ✈ 約9,500km

完成まで600年を要した大ゴシック聖堂

ケルン大聖堂

141

ドイツのライン川のほとりに、まさに屹立するかのごとく、そびえるのがケルン大聖堂だ。2つの尖塔の高さは157m、奥行は144m。欧州最大級・最古のゴシック様式の聖堂だ。現在の聖堂は3代目。1248年に建設が始まり、完成したのは1880年。633年もかかったのは、宗教改革の混乱などで200年以上も中断したからだ。工事が再開できたのは偶然に、13世紀の設計図が発見されたため。そんな奇跡の聖堂は、第2次世界大戦で爆撃を受け、最近まで改修工事が続けられていた。

見どころ

◆祭壇裏に安置された「東方三博士の聖遺物箱」は12～13世紀、中世金銀細工の傑作。
◆中央祭室の13世紀のステンドグラス、聖マリアの祭室の祭壇画「三博士の礼拝図」も名物。
◆ケルンには10～13世紀のロマネスク教会が12も残る。

完成は19世紀だが、13世紀の設計を忠実に踏襲した。ステンドグラスにキリストの一生が描かれるなど、信仰心の厚さを誇示する聖堂だ

アルプス名峰と氷河が迫る自然美の町

スイス・アルプス ユングフラウ-アレッチュ

ユングフラウ三大名峰とアレッチュ氷河はまさに自然が作り上げた巨大芸術。エーデルワイスなどの高山植物も広範囲に繁茂している。

「スイス・アルプスユングフラウ-アレッチュ」は、標高4000m級、面積824㎢の圧倒的な広さに、ユングフラウ、アイガー、メンヒからなるユングフラウ三大名峰と、アレッチュ氷河（長さ22km、深さ1km）を擁する。この地の美しさは、もはや語るまでもなく、ヨーロッパの文学や絵画に多大な影響を与えてきた。ベースとなるグリンデルヴァルトの村に着くと、そこはもうアイガーの麓。さらに、登山電車で終点のユングフラウ・ヨッホ駅まで行くと、アレッチュ氷河はもう目の前だ。

見どころ

- ◆フィルスト山のリフトはヨーロッパ最長。アイガーを一望。
- ◆文化遺産にも登録されるレトロな登山電車が走る。車窓からの景色はどれも素晴らしい。
- ◆地下ケーブルカーで行くスネガ展望台はマッターホルンの格好のビューポイント。

峰々と氷河湖が延々と続く広大な自然空間

カナディアン・ロッキー山脈自然公園群

見どころ

◆ジャスパー国立公園の湖岸や大氷原には、ヘラジカ、クマ、トナカイ、ビーバーなどが生息。
◆20ドル紙幣の絵になったモレーン湖は10の峰々に囲まれ、温泉も豊富にある。
◆乗馬、スキー、トレッキングなど大自然でのレジャーも。

総面積は2万3000㎢。雄大な自然美が世界遺産の登録基準になったように、人工物を寄せつけない景色がここにある。

カナダからアメリカに至る全長4800㎞に及ぶロッキー山脈。そのカナダ側1500㎞がカナディアン・ロッキーだ。白い雪を被った岩の峰々の麓には、澄みわたる数々の氷河湖や緑深い針葉樹の森がある。映画『帰らざる河』の舞台としても有名なこの地は、1887年に国立公園に指定された。1984年に4つの国立公園と3つの州立公園が世界遺産となり、3000m級の山々、渓谷、氷河湖、滝、鍾乳洞、熱泉水、化石群など、手つかずの広大すぎる大自然が保護されている。

日本からの距離 ✈ 約3,000km

シベリアの真珠と讃えられる世界最大貯水量の湖

バイカル湖

見どころ

◆湖にはバイカルアザラシ、ユーラシアカワウソ、チョウザメ、淡水ヨコエビなど多くの固有・希少生物が生息している。
◆バイカル湖観光の拠点の街となるイルクーツクは、「シベリアのパリ」といわれる美しい街並だ。

世界最長を誇るシベリア鉄道は、バイカル湖南岸を迂回する。車窓から見る湖は神秘的。路線の中で最も美しい景色といわれる。

バイカル湖はロシア中央、モンゴル国境近くにある、長さ６４０㎞もある三日月型の湖。３５０もの河川が水を供給し、最大深度は１７４１ｍもあるため、貯水量は世界最大。湖底にある鉱物は水を浄化し、透明度も極めて高い。この恵まれた環境が多くの水生生物を育み、その多くがバイカル固有種であることから、「ロシアのガラパゴス」ともいわれる。その代表のバイカルアザラシは通常海に生息するが、ここでは淡水適応に進化したのだ。これら貴重なバイカル生物群が保護対象になっている。

イギリス

ウェールズ征服の歴史を語る要塞の古城群

グウィネズの城群と市壁群

登録名「グウィネズのエドワード1世の城群と市壁群」

日本からの距離
約9,500km

イギリス西部のウェールズ地方グウィネズ。のどかな街には、13世紀後半に建てられた塔を囲う形をした4つの古城。ビューマリス城は砦のある二重城壁の周囲に堀がある堅牢な造り。カーナヴォン城は、厚い城壁と高い塔が複合的に配された最大の城。すべての城が塔から街全体を監視するかのような造りになっている。これらの城はウェールズを征服した直後、イングランドのエドワード王が市民の反乱を抑えるために建てたもの。隣国の統一がいかに難しかったかを物語っている古城だ。

見どころ

◆コンウェイ城のたもとを流れるコンウェイ川に、吊り橋があり、ここからの城の眺めが素晴らしい。
◆カーナヴォン城は王宮としてエドワード王が暮らした、グウィネズ最大の優雅な城。毎年多くの観光客が訪れている。

ロンドンからアングルシー島のホリーヘッドを結ぶイギリス国鉄。島に入る手前で、8つの塔が印象的なコンウェイ城が現れる。

古城とブドウ畑が広がるロマンチックな川

ライン渓谷中流上部

見どころ

◆バッハラッハは、11世紀頃の遺跡が多い特に古い街。ワインの産地としても有名。
◆トレヒティングスハウゼンにあるライヒェンシュタイン城は、11世紀初めのライン川沿いでは最古の城のひとつ。現在は、古城博物館になっている。

川の両岸に線路があり、マインツからコブレンツに向かって左岸はドイツ鉄道の高速・長距離線。右岸はローカル線が走る。

アルプスから北海に至る欧州最大の河川、ライン川。ドイツのマインツからコブレンツの渓谷沿いの65㎞は、「ロマンチック・ライン」と呼ばれ、世界遺産に登録される。観光船に乗ると、緑の美しいブドウ畑の川沿いの丘の上には、多くの古城が立ち並ぶ。ラインシュタイン城など10〜13世紀の城が続き、まるで古城の野外博物館。だが、船は蛇行し川幅が狭まる難所へ。美女が船乗りを川底に引き込むという伝説の132mのローレライの岩が迫る。その先も古城が続き、コブレンツの街に至る。

日本からの距離 ✈ 約10,000km

レマン湖を見下ろすスイスのブドウ段々畑

ラヴォー地区の葡萄畑

見どころ

◆ブドウ畑の周囲を周遊する蒸気機関車型の観光バスがある。畑の中を縫って歩くハイキングコースもある。
◆レマン湖地方はスイス有数のリゾート地。古城や高級ホテル、有名人の別荘が多い。

ヨーロッパ各国の主要な線で走っている列車、インターシティ。レマン湖とブドウの段々畑はローザンヌ駅からすぐ近くだ。

スイス有数の風光明媚な観光地、レマン湖のあるラヴォー地区。湖の丘陵に美しいブドウの段々畑が広がる。この地でワイン製造が始まったのは12世紀。この地に本拠地を置いたシトー派の修道士たちがブドウ栽培とワイン醸造を始めた。その高度な技術が村人に伝授され、以来1000年にわたって変わらぬ伝統的方法でいまもワインが造られている。ローザンヌ駅から各駅停車でモントルー駅まで約30分間、光り輝くレマン湖と段々畑の緑のコラボレーションを、車窓からゆっくり味わうことができる。

148

COLUMN

〝鉄道〟が世界遺産

数ある世界遺産の中でもこの3つだけ!

高さ65m、長さ約142mのランドヴァッサー橋。橋が急カーブを描き、渡り終わると、直接トンネル。石造のアーチ橋も車窓の景色も驚異的。

車窓には、アルプスの山々を背景に美しい湖や沼が次々と現れる。イタリアからスイスまで多くの路線を持つレーティシュ鉄道。そのうち、アルプスを横断する絶景ルートの2路線が世界遺産に登録されている。ベルニナ線は、イタリアのティラーノを出て、標高2000m超のアルプスを越え、大氷河が迫るスイスのサンモリッツまで。その先はアルブラ川を沿って大渓谷の中を一気に下り、クールに至るアルブラ線。途中、絶壁から絶壁へ谷を渡るランドヴァッサー橋は、この路線最大の見せ場だ。

スイス、イタリア

日本からの距離 ✈ 約9,500km

欧州最高高度！　橋とループでアルプスを越える山岳鉄道

レーティシュ鉄道

アルブラ線・ベルニナ線と周辺の景観

オーストリア……………… 日本からの距離 ✈ 約9,000km

約150年前に建設された世界初の山岳鉄道

ゼメリング鉄道

オーストリアのゼメリング鉄道は、1848年から1854年に建設された、アルプスを越える世界初の山岳鉄道だ（鉄道として世界遺産登録されたのも初めて）。当初は、標高1000mのゼメリング峠に、鉄道建設は物理的に不可能とされた。しかし14のトンネル、16の高架橋、100を超える石橋、S字カーブやオメガ字カーブなど、優れた設計技術によって困難を克服したのだ。なかでも、古代ローマ建築様式を取り入れた重厚な石組み二層式の高架橋は、遺跡のような絶景で、いまなお現役だ。

1854年に建造された古代ローマの水道橋のような形をしたカルテリンネ橋。この先には全長1.4kmのゼメリングトンネルがある。

インド　日本からの距離 ✈ 約7,000km　150

いまもＳＬが走る19世紀完成のアジア最古の山岳鉄道

インドの山岳鉄道群

トイトレインと呼ばれるおもちゃのような機関車が急カーブの路線を走る。急坂はスイッチバックと呼ばれる折り返しを利用して登る。

標高8586mのカンチェンジュンガ山を頂とするインド側のヒマラヤ山脈。街から標高約2100mの山麓までを繋ぐのが、ダージリン・ヒマラヤ鉄道だ。イギリス植民地時代に、紅茶の運搬と避暑地への旅のために造られた、アジア初の山岳鉄道。驚くべきは、急勾配なのに蒸気機関車がいまも現役で走っていることだ。線路の幅はかなり狭く、ミニSLが88kmに及ぶ壮大なヒマラヤの山腹を約5時間かけてゆっくり登っていく。ほか、ニルギリ山岳鉄道とカールカー＝シムラー鉄道も、世界遺産の対象だ。

world heritage

第8章

世界遺産を楽しむための情報＆旅ワザ

人気の旅行サイトや部屋から絶景が見えるホテルなど、
世界遺産巡りに役立つ情報が満載！
旅の達人たちによるリアルな情報や人気ランキングなども必見！

世界遺産 行きどきカレンダー

人気の世界遺産に行くなら、やっぱりベストシーズンを狙いたいもの。
ひとめで分かるカレンダーで、“行きどき”をチェックしよう。

EUROPE

ヨーロッパ

	1月	2月	3月	4月	5月	6月	7月	8月	9月	10月	11月	12月	備考
カッパドキア			○	◎	◎	◎	◎	◎	◎	○	○		夏は乾燥して陽射しが強いので、日焼け対策が必須。冬は寒さが厳しく、積雪もある。
パムッカレ				○	◎	◎	◎	◎	◎	○			夏は雨が少なく暑い地中海性気候。冬は雨が多く、リゾートホテルが休業している場合も。
スイス・アルプス						○	◎	◎					ハイキングには7月初旬〜8月中旬がベスト。12月中旬以降は、スキー客で賑わう。
モン-サン-ミシェル				○	◎	◎	◎	◎	◎	○			暖かい5〜9月がおすすめ。大潮の時期に訪れると、干満の差による変化を楽しめる。
ドゥブロブニク旧市街					○	○	◎	◎	○				海や空の美しさを満喫できる5〜9月がベスト。7〜8月には様々なお祭りを開催。
アマルフィー			○	○	○	○	◎	◎	◎	○			1年を通して楽しめるが、11〜2月には多くのホテルやお店がクローズするので注意。
サンクト・ペテルブルク					○	◎	◎	◎	◎	○			真夏はほとんど太陽が沈まない。冬の寒さは厳しく、12〜2月は最高気温が0度以下に。

モン-サン-ミシェル

パムッカレ

雨季と乾季の違いや日照時間を要チェック

旅行の計画を立てる際、まず知っておくべきなのは雨季と乾季の違い。カンボジアやベトナムなどの東南アジアや南米地域は、一年が乾季と雨季に分かれている。一般的に乾季は天候に恵まれるため、航空券やホテル代が高騰。反対に雨季は旅行代が安く、比較的空いている。ただし、南米で滝を鑑賞する場合は、雨季の方が迫力がある。

ヨーロッパに出かけるなら、日照時間に要注意。夏はかなり遅くまで明るいが、冬は昼が短く観光に向いていない。クリスマス市や観劇が目的なら冬も悪くないが、人気はやはり夏だ。

また、北半球と南半球では季節が日本と逆になる。オセアニアやアフリカを訪れる際は、服装や持ち物に気をつけよう。

ASIA

アジア

	1月	2月	3月	4月	5月	6月	7月	8月	9月	10月	11月	12月	備考
九寨溝					○	○	◎	◎	◎	◎			水量が増えるのは6月以降。高山植物を見るなら7～8月、紅葉目当てなら9月下旬～10月中旬。
黄龍							○	◎	◎	◎			10月下旬以降は雪が降るため、峠道が凍結して行けなくなるリスクあり。
秦の始皇帝陵				◎	◎	○	○	○	◎	◎			乾燥したエリアで、年間の気温差が激しい。11～2月はかなり冷え込むので万全の防寒対策を。
ハロン湾	○	○	○			◎	◎	◎	◎		○	○	ハロン湾で泳ぐなら8月がベスト。冬は寒いが、空気が澄んで美しい。10月は台風が多いので注意。
アンコール	◎	○	○								◎	◎	11～1月は乾季でかつ比較的涼しいため、観光しやすい。夏は暑くなり35度を超えることも。

OCEANIA

オセアニア

	1月	2月	3月	4月	5月	6月	7月	8月	9月	10月	11月	12月	備考
グレート・バリア・リーフ	○	○	○	○	○	○	○	○	○	◎	◎	◎	一年中ダイビングを楽しめるが、雨が少なく透明度が高い10～12月初旬がベスト。
タスマニア原生地域	◎	◎	◎	○	○					○	○	◎	12～1月にはワイルドフラワーが咲く。6～9月の冬季は、最低気温が5度を下回ることも。
テ・ワヒポウナム	◎	◎	◎									◎	ミルフォード・サウンド観光なら、花が咲く12～1月か天候が安定した2～3月が人気。
ウルル-カタ・ジュタ			◎	◎	◎					◎	◎		12～2月は暑いので避けた方が賢明。6～9月の冬季は夜間の冷え込みが厳しくなる。

MIDDLE EAST

中東（エジプト含む）

	1月	2月	3月	4月	5月	6月	7月	8月	9月	10月	11月	12月	備考
ピラミッド	◎	○									○	◎	4～10月は夏季。とくに6～8月は最高気温が40度以上に上がる。3～4月は砂嵐が来ることも。
ペトラ			◎	◎	◎					◎	◎		春と秋が過ごしやすい。夏は気温が50度近くに達し、冬は氷点下になるので過酷。
ペルセポリス			○	◎	◎					◎	○		温暖な春か秋がベストだが、一年を通して雨は少ない。冬季には雪が降ることも。
古代都市テーベとその墓地遺跡	◎	○									○	◎	6～8月の夏は酷暑。砂漠地帯なので、年間を通して雨の心配はほとんどない。
パルミラの遺跡		○	◎	◎	◎				○	◎	◎	◎	夏は50度近くに達し、冬は氷点下に迫る。観光に訪れるなら春か秋を選びたい。
サナア旧市街	◎	◎	○	○	○	○	○	○	○	◎	◎	◎	おすすめは、日本の秋から冬にあたる季節。夏季も乾燥しているので、比較的過ごしやすい。

NORTH AMERICA

北米

	1月	2月	3月	4月	5月	6月	7月	8月	9月	10月	11月	12月	備考
イエローストーン国立公園					○	◎	◎	◎	○				ベストシーズンは混み合うので、予約は早めに。冬季は一部のロッジや道路が閉鎖される。
グランド・キャニオン国立公園			○	◎	◎	○	○	○	○	○			朝晩・日中の温度差が激しいので、夏でも上着の準備を。冬も美しいがかなり冷え込む。
ヨセミテ国立公園				○	○	◎	◎	◎	◎	○	○		滝の水量が増え、花々が咲く初夏がベスト。冬期は雪のため、一部の施設が閉鎖される。
カナディアン・ロッキー山脈					○	○	◎	◎	◎	○			観光目当てなら、湖や山が美しく輝く夏がおすすめ。スキーをするなら11～5月になる。

LATIN AMERICA

中南米

	1月	2月	3月	4月	5月	6月	7月	8月	9月	10月	11月	12月	備考
マチュ・ピチュの歴史保護区				○	◎	◎	◎	◎	○	○			11～3月の雨季は、土砂崩れで通行止めになることも。マチュ・ピチュへのトレッキングも不可能。
ナスカとフマナ平原の地上絵	◎	◎	◎	◎	○	○	○	○	○	○	◎	◎	一年中雨が少ないので、いつ行ってもOK。ただし、5～10月は霧が発生することも。
イグアス国立公園								○	◎	◎	◎	◎	滝の水量が増し、虹が多く出現する8～12月がベスト。水量が少ないと、ボートツアーが中止に。
ヴィクトリアの滝				◎	◎	◎	○	○					水量が多くかつ天気がいいのは、雨季明け直後の4～6月。11～3月は気温が高く雨も多い。

グランド・キャニオン

ジェンネ旧市街

AFRICA

アフリカ

	1月	2月	3月	4月	5月	6月	7月	8月	9月	10月	11月	12月	備考
メロイ島の考古遺跡群	◎	○	○							○	○	◎	冬季は比較的過ごしやすい。日中は暖かいが寒暖の差が激しいので、防寒具も必要。
アイト・ベン・ハドゥの集落			○	○	◎	◎			◎	◎	○		ベストシーズンは春か秋。夏季はかなり気温が上がるので、暑さに弱い人は注意。
ムザブの谷	◎	◎	◎	◎	◎	◎	○	○	○	◎	◎	◎	夏季は暑いが乾燥しているので、不快感はない。一年を通して朝晩は冷え込む。
ジェンネ旧市街	◎	◎	○						○	◎	◎	◎	4・5月は一年で最も暑い時期。40度を超えることもあるので、観光は朝と夕方に。

世界遺産が見えるホテル

部屋やレストランから世界遺産が見える。そんな夢のようなホテルを紹介!
駆け足の観光では触れられない、世界遺産の表情が見えてくるはず。

ブダペスト

インターコンチネンタル ホテル ブダペスト

ドナウ川を見下ろす５つ星ホテル。リバービューの客室には大きな窓があり、ドナウ川越しに王宮、くさり橋、漁夫の砦など世界遺産が一望できる。特に柔らかなオレンジ色で彩られた夜景は美しく、眠るのがもったいなくなるほど。ラウンジやロビーからの眺めも素晴らしく、忘れられない滞在を約束してくれる。

DATA
所在地 Apaczai Csere J.U. 12-14 Budapest, 1052
価格 1室約1万2600円〜
URL http://www.ichotelsgroup.com/

マチュ・ピチュ遺跡

サンクチュアリー・ロッジ

マチュ・ピチュ遺跡に最も近い人気のラグジュアリーホテル。アンデス料理を手供するレストランや庭園からは、そびえ立つ険しい山とその前に広がる遺跡を間近に楽しめる。部屋によっては、窓やテラスからマチュ・ピチュ遺跡を眺めることも可能。食事（朝食・昼食・夕食）や飲み物も宿泊料金に含まれている。

DATA
所在地 Hiram Bingham Ave Machu Picchu,Cusco
価格 1室約7万1400円〜
URL http://www.sanctuarylodgehotel.com/

モン-サン-ミシェル

ルレ・サンミシェル

モン - サン - ミシェルの対岸にあり、歩いて約 20 分ほどの距離。ほとんどの部屋とレストランからモン - サン - ミシェルのパノラマビューが見え、朝もやがかかった姿や幻想的な夕焼け、イルミネーションに輝く夜景など一日中楽しめる。客室はモダンでテラス付き。女性好みのかわいらしいインテリアも魅力だ。

DATA
所在地 Bp 18, 50170 Le Mont Saint Michel
価格 1室約1万9000円～
URL http://www.relais-st-michel.fr/

まだある! 世界遺産が見えるホテル

ホテル名	世界遺産	価格　URL
アマンジヲ	ボロブドゥール寺院遺跡群（インドネシア）	1室約5万7900円～ http://www.amanresorts.com/
シェラトンホテル九寨溝	九寨溝（中国）	1室約8500円～ http://www.strawoodhotels.com/
グランド・ホテル北京	紫禁城（中国）	1室約1万4000円～ http://www.grandhotelbeijing.com/
ハロン・プラザ・ホテル	ハロン湾（ベトナム）	1室約6300円～ http://halongplaza.com/ja/
ホテル・ドゥ・ラ・シテ	カルカソンヌ（フランス）	1室約1万7600円～ http://www.hoteldelacite.com/
パラッツォ・マンフレディ	コロッセオ（イタリア）	1室約2万6000円～ http://www.palazzomanfredi.com/
エクセルシオール・ホテル・エルンスト	ケルン大聖堂（ドイツ）	1室約1万4300円～ http://www.excelsiorhotelernst.com/
カーディナル・ホテル・サン・ペーター	サン・ピエトロ大聖堂（バチカン）	約6700円～ http://www.cardinalhotelrome.com/

モーン・トロワ・ピトンズ

ジェイド マウンテン リゾート

Jade Mountain

カリブ海の島国・セントルシアにある５つ星リゾート。メインプールやレストラン、スイートタイプの客室（24室）からは、世界遺産に登録されている双子の火山「ピトン山」が一望のもとに。ベッドルームに仕切りがないため、一日中カリブ海の眺めを堪能できる。プール付きやジャグジー付きなど、客室は多彩。

DATA

所在地 100 Anse Chastanet Rd | PO Box 4000, Soufriere, St. Lucia
価格 1室950USドル～
URL http://www.jademountain.com/

Jade Mountain

ンゴロンゴロ保全地域

ンゴロンゴロ クレーターロッジ

&Beyond Ngorongoro Crater Lodge

ンゴロンゴロ自然保護区の巨大なクレーターを見下ろすように建てられた、ゴージャスなサファリロッジ。マサイ族の住居に似せたロッジにはシャンデリアと大きなバスタブがあり、どの部屋からもクレーターの絶景が楽しめる。料金には食事と飲み物、サファリアクティビティが含まれ、専属バトラーがサービスを提供。

&Beyond Ngorongoro Crater Lodge

DATA

所在地 Ngorongoro Conservation Area, Tanzania
価格 1人790ドル～
URL http://www.ngorongorocrater.com/

ドゥブロヴニク

ホテル
エクセルシオール
アンド・スパ

紺碧のアドリア海と城塞都市・ドゥブロヴニクの眺めを独占できる、最高のロケーション。客室のテラスやレストランはもちろん、目の前にあるプライベートビーチでくつろぎながら絶景を楽しむのもおすすめだ。レヴェリン要塞、スポンツァ宮殿、レクター宮殿など旧市街の名所が1キロ圏内にあり、観光にも便利。

DATA

所在地 Frana Supila 12, Dubrovnik 20000,
価格 1室約1万3800円～
URL http://www.hotel-excelsior.hr

イビサ

ハシェンダ・ナ
チャメナ

イビサ島の北東部にある隠れ家リゾート。地中海を見下ろす海抜180mの崖に建ち、2つの岬のちょうど真ん中に夕陽が沈む。海を望むジャグジーを備えた「スタンダードダブル」や、プライベートガーデン付きの「エデンルーム」など、多彩な部屋タイプを用意。サンセットビューのレストランも人気。

Hacienda na Xamena IBIZA

DATA

所在地 Na Xamena S/n- Sant Miquel De Balansat, Ibiza
価格 1室240ユーロ～
URL http://www.hotelhacienda-ibiza.com/

世界遺産も顔負け!? 絶景のホテル

モニュメントバレー

ザ・ビューホテル

2008年にオープンしたばかり。テラスに出ると、絵ハガキのようなモニュメントバレーの絶景が間近に迫る。岩山の間から昇る太陽や夕陽に染まる神秘的な姿も、部屋にいながらにして満喫できる。ビジターセンター横にあるため、観光の拠点としても便利だ。宿泊しない場合は、ガラス張りのレストランを利用すると◎。

DATA
所在地 4 Miles E Highway 163, Monument Valley Tribal Park, Monument Valley　価格 1室149USドル～
URL http://www.monumentvalleyview.com/

ホテル名	所在地	概要 URL
ルーム・フォー・ロンドン	イギリス	2012年完成の船形ホテル。部屋は2名1室のみ。ロンドン・アイやビッグ・ベン、セント・ポール寺院といった名所を一望。 http://www.aroomforlondon.co.uk
ザ フェアモント シャレー レークルイーズ	カナダ	カナダの伝説的な湖・レークルイーズに隣接。湖の眺めはもちろん、散策やクルーズなども楽しめる。 http://www.fairmont.jp/lakelouise/
クルム ホテル ゴルナーグラード	スイス	マッターホルンやモンテローザなど、4000メートル級のアルプスに囲まれたホテル。眼下にはゴルナー氷河が広がる。 http://www.matterhorn-group.ch/
オングマ	ナミビア	エトーシャ国立公園内。周囲の自然と一体化しており、テラスからはナミビアの大自然とともに象やシマウマなども見える。 http://www.onguma.com/
ヘイマン・アイランド・リゾート	オーストラリア	グレード・バリア・リーフのヘイマン島がまるごとリゾートになった5つ星ホテル。どこまでも続く白砂やコーラルシーの眺めが楽しめる。 http://www.hayman.com.au/

世界遺産で感動の体験!

上空から眺めたり、ラクダや馬に乗ったりと様々な角度から
絶景を体感できるアクティビティに挑戦しよう!

ハワイ島の火山をハイキング!

ハワイ火山国立公園にある世界遺産・キラウエア火山を、溶岩専門ガイドが案内。山肌を流れる赤い溶岩を、間近で観察できる。火山活動のパネル展示がある「トーマス・ジャガー博物館」やパワースポット「サーストン溶岩トンネル」にも立ち寄るほか、現地レストランでの昼食付き。

TOUR DATA

●キラウエア火山と溶岩ハイキングツアー（コナ発）

価格 135ドル（7~12歳は90ドル）　所要時間 約11時間半

取扱会社 ジャックスハワイ　URL http://www.jackshawaii.jp/

※時間又行程は溶岩の活動状況・天候等諸事情により予告なく変更になる場合あり／流れる赤い溶岩が見えない場合もあり、状況によって双眼鏡やスコープによる溶岩観察となる（溶岩の状況による返金は不可）

カッパドキアを気球で遊覧!

早朝5時頃にホテルを出発。世界遺産に登録されている「カッパドキア」の向こうに朝日が昇る頃、気球に乗って空へ飛び立つ。上空からの眺めを楽しんだ後は、地上に戻りシャンパンで乾杯。所要時間50～60分の「エクスプレスコース バルーンツアー（140ユーロ）」もある。

TOUR DATA

●レギュラーコース バルーンツアー

価格 210ユーロ　所要時間 90~100分

取扱会社 Travel TURKEY　URL http://www.travelturkey.jp/

※ホテルからの往復送迎含む／フライト証明書付き

アンコール・トムで象に乗る!

午前中は、象に乗ってバイヨン寺院周辺をぐるりと１周することが可能。夕方にはアンコール・トムの南大門前からバイヨン寺院まで行くコースに加え、プノンバケン山に登って夕陽を鑑賞するコースも用意されている。１頭につき２～３名まで乗象可能。直接象乗り場へ行くと料金が割引になる。

TOUR DATA

●アンコール・トム周辺で象体験

価格 バイヨン周辺は20ドル（送迎付きは25ドル）、プノンバケンは上り20ドル／下り15ドル

所要時間 10～15分

取扱会社 スケッチトラベル

URL http://www.sketch-travel.com/

※最小催行人数2名
プノンバケン山での象乗りは予約不可
遺跡入場券は別途購入

まだある! 感動の絶景アクティビティ

ツアー名	概要	申込み／問合せ
ピラミッド・エリアでのラクダ乗りと乗馬	ギザのピラミッドを、日の出または日没の時間にラクダか馬に乗って観光。３大ピラミッドの見学もできる。52.5ドル。	**CityDiscovery** http://www.city-discovery.com/jp/
モン-サン-ミシェル上空を飛ぶアドベンチャーツアー	モーターハングライダーに乗って、上空から見学。モン-サン-ミシェル1泊ツアーと併せて参加可能。1万円～（別途手配料が必要）。	**FRANCE WORLD** http://www.franceworld.jp/
イグアスの滝 ラッペリング・アドベンチャー	イグアスの滝を眺めながら、ロープに沿って懸垂下降するアクティビティ「ラッペリング」に挑戦。72.99ドル。	**CityDiscovery** http://www.city-discovery.com/jp/
憧れのハーレーでエアーズロックの夕陽鑑賞!	ハーレーダビッドソンの後部座席に乗って、広大な原野をツーリング。シャンパンを楽しみながら、エアーズロックのサンセットをじっくりと堪能できる。運転は英語ガイドが行うので、5歳以上なら参加OK。152AUSドル。エアーズロックリゾートからの送迎付き。ヘルメット・ジャケット・手袋のレンタル込み。日の出を鑑賞する「エアーズロックサンライズバイクツアー」もある。	**ホットホリデー** http://www.hotholiday.jp/

ピラミッド

モン-サン-ミシェル

イグアスの滝

エアーズロック

もうすぐ世界遺産

ユネスコの「世界遺産暫定リスト」に掲載されている12カ所を紹介!
世界遺産に登録されて混雑する前に、ひと足早く訪れてみよう。

高徳院の本尊、鎌倉大仏。
国宝に指定されている

古都鎌倉の寺院・神社ほか（神奈川県鎌倉市など）

三方を山に囲まれ、一方を海に開く鎌倉の地に、源頼朝が日本で最初の本格的な武家政権を誕生させた鎌倉。「武家の古都・鎌倉」として、2013年夏頃に開かれるユネスコ世界遺産委員会での登録をめざしており、2012年1月に正式推薦された。「鶴岡八幡宮」「建長寺」「鎌倉大仏」などの社寺や切通、武家屋敷跡などの遺跡を中心に、それらと一体となり独特の景観を形成している山も構成資産としている。

日本三大八幡宮のひとつに数えられる、鶴岡八幡宮

Q&A

Q.世界遺産暫定リストって何?

A 各国政府がユネスコ世界遺産センターに提出する一覧表のこと。文化遺産として登録されるためには、まずこの一覧表に掲載される必要がある。日本政府が提出したリストには現在12件が掲載されており、1〜10年以内をめどに世界遺産委員会への登録申請を目指している。

Q.暫定リストに載ったら必ず世界遺産になるの?

A 答えはノー。暫定リスト掲載後は市・県としての準備が進められるが、国による推薦を受けられるのは1年に2件のみ。その後、毎年1回開催される世界遺産委員会で「顕著で普遍的な価値」をもつことが証明された場合のみ、世界遺産として登録される。

長崎の教会群とキリスト教関連遺産（長崎県長崎市など）

キリスト教の伝来と繁栄、激しい弾圧と250年もの潜伏、そして復活という歴史を物語る貴重な遺産。構成資産は、現存する日本最古の教会堂建築でもある「大浦天主堂」をはじめ、弾圧に屈することなく密かに信仰を守り続けた場所に建つ教会堂や集落、史跡など。2014年の世界遺産登録を目指していたが、2012年の文化審議会で推薦を見送られ、早くても2015年以降になった。

南山手の外国人居留地に建立されている大浦天主堂

「旧野首教会」がある野崎島は、現在無人島

彦根城（滋賀県彦根市）

慶長8年（1603）から約20年かけて築かれた名城で、天守は国宝に指定されている。様々な工夫を凝らした城郭建造物や能舞台、茶室、庭園に加え、武家屋敷や町家なども良好な姿で保存されている。1992年に姫路城や法隆寺とともに世界遺産暫定リストに掲載されたが、同種遺産の姫路城が先に世界遺産となったことで作業は難航。現在、彦根城がもつ普遍的な価値を証明するための取り組みを行っている。

空撮写真。彦根城越しに琵琶湖をのぞむ

国宝に指定されている天守閣

百舌鳥《もず》・古市《ふるいち》古墳群（大阪府堺市、藤井寺市、羽曳野市）

堺市内の東西・南北約4kmにわたって広がる「百舌鳥古墳群」は、世界最大級の墳墓《ふんぼ》・仁徳天皇陵古墳をはじめ、4世紀後半～5世紀後半にかけて造られた47基の古墳からなる貴重な文化遺産。2010年11月、巨大な7基の前方後円墳など44基の古墳が残る「古市古墳群」とともに、世界遺産暫定リストに記載された。古墳群の保存・継承や、歴史と文化を活かしたまちづくりを推進するため、2015年の世界遺産登録を目指している。

百舌鳥古墳群にある仁徳天皇陵古墳

藤井寺市から羽曳野市、約4kmにわたって広がる古市古墳群

富岡製糸場と絹産業遺産群（群馬県富岡市ほか）

明治5年（1872）に設立された「旧富岡製糸場」を中心に、田島家住宅（伊勢崎市）、高山社跡（藤岡市）、荒船風穴（下仁田町）などが暫定リストに掲載されている。日本とフランスの技術が結集された旧富岡製糸場は解説付きで見学できるほか、他の施設も事前に予約することで見学が可能。2012年の文化庁による推薦が決定し、2014年の世界遺産登録を目指している。

115年間操業し続けた富岡製糸場の西繭倉庫。

操糸場には、操業停止時のまま自動操糸機などが保存されている。

まだある!

日本国内の世界遺産暫定リスト

名称	概要	記載された年	分類
富士山（静岡県・山梨県）	芸術の舞台として、あるいは信仰の対象としての評価。2012年1月27日に世界遺産センターへ正式に推薦書が提出された。	2007年	文化遺産
飛鳥・藤原の宮都とその関連資産群（奈良県）	6世紀末〜8世紀初め、日本初の本格的な都市が造られた飛鳥・藤原。その宮殿や寺院、庭園、古墳などがいまも残る。	2007年	文化遺産
国立西洋美術館本館（東京都）	フランスの建築家ル・コルビュジエの作品。2009年、他の作品とともに関係6カ国で共同推薦されたが、記載延期となった。	2007年	文化遺産
北海道・北東北を中心とした縄文遺跡群（北海道・青森県・岩手県・秋田県）	縄文時代の草創期〜晩期にわたる重要な遺跡を良好な状態で保存。集落跡や貝塚などを通して、当時の暮らしが窺える。	2009年	文化遺産
九州・山口の近代化産業遺産群（福岡県・佐賀県・長崎県・熊本県・鹿児島県・山口県）	造船所跡や製鉄遺跡、旧機械工場など9つのエリアにまたがる全30資産で構成。2015年の世界遺産登録を目指している。	2009年	文化遺産
宗像・沖ノ島と関連遺産群（福岡県）	4〜9世紀末に国家的祭祀が行われていた沖ノ島と、その信仰を継承する宗像大社、祭祀を司った古代宗像氏の古墳群で構成。	2009年	文化遺産
金を中心とする佐渡鉱山の遺産群（新潟）	江戸時代から平成元年まで、長く採掘されてきた佐渡金銀山。遺跡や建造物、鉱山都市、集落などが現在も継承されている。	2010年	文化遺産

世界遺産人気ランキング

日本人旅行者が選ぶ「一番好きな世界遺産」と「一番行ってみたい世界遺産」のアンケート結果を公開!　あなたの好みと同じ?それとも違う?

実際に訪れた人が評価した、満足度の高い世界遺産はこちら!

いままで訪れた中で一番好きな世界遺産 BEST3

1

ペルー

マチュ・ピチュの歴史保護区

人気の世界遺産といえばやはりココ。目の前に広がる空中都市に、誰もが感動!　日本からはかなり遠く高山病の心配もあるが、一度は訪れる価値あり。

2

エジプト

アブ・シンベルからフィラエまでのヌビア遺跡群

砂漠に突如出現する「アブ・シンベル神殿」は、日本人がイメージするエジプトそのもの。巨大な神像とレリーフが見事。

3

中国

黄龍の景観と歴史地域

四川省北部にある湖沼群。大小様々な池が棚田状に連なっており、時間や角度によって色を変える様子が神秘的。

“次”に行ってみたいのはどこ?　気になるベスト3をご紹介!

いま、一番行ってみたい世界遺産 BEST3

1

ペルー **マチュ・ピチュの歴史保護区**

「いままで訪れた中で一番好きな世界遺産」との２冠達成！ 写真を見ただけで行きたくなってしまう、という旅人多数。

2

ベネズエラ **カナイマ国立公園**

最後の秘境と言われ、旅人の心をくすぐる場所。世界最大の落差をもつエンジェルフォールがある。

3

フランス **モン-サン-ミシェルとその湾**

日本人のみならず世界中の旅行者に人気。特に、夜のライトアップや朝霧に包まれた姿は幻想的。

タンザニア **ンゴロンゴロ保全地域**

火山のカルデラに広がる草原に、ライオンやチータなどが生息。テレビで見た野生動物に会える！

世界遺産を知るための厳選サイト

世界遺産関連サイトのうち、情報価値が高いものはかぎられる。
ここではこうしたサイトのほかに旅行に役立つ実用サイトをとりあげた。

好みの世界遺産はこのサイトで探す!

世界に1000カ所近くある世界遺産。そのひとつひとつを覚えることは到底不可能である。そんなときに重宝するのが、ここで挙げた2つの世界遺産のデータベースサイト。

「世界遺産資料館」は、世界遺産となっていない世界遺産候補とその可能性を★の数で示したり、様々な事情で世界遺産への登録が見合わされているもののリストがあるなど、世界遺産を巡る動きに詳しい個人のサイトだ。

これに対して「世界遺産.net」も個人のサイトだが、世界の全世界遺産のリストに、Googleマップや航空写真、様々なホームページから得た画像を表示しており、それぞれの世界遺産のイメージがつかみやすいのが特徴となっている。例えば西アフリカのブルキナファソにある「ロロペニの遺跡群」の画像もすぐに見ることができる。

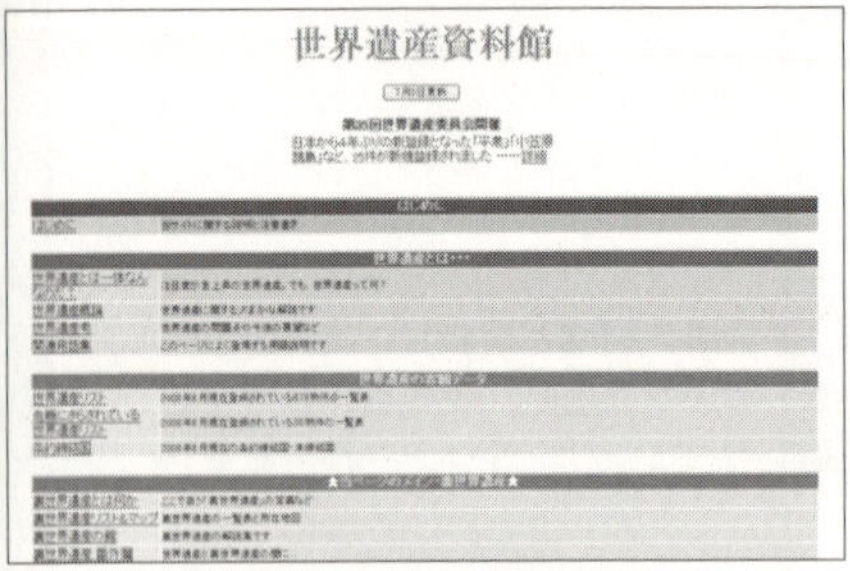

世界遺産資料館

URL http://homepage1.nifty.com/uraisan/

「裏世界遺産リスト」と称して、世界遺産に登録推薦されたのに登録されていないものをまとめたリストが興味深い。ただし、世界遺産のリストは2011年8月現在のものとやや古い。

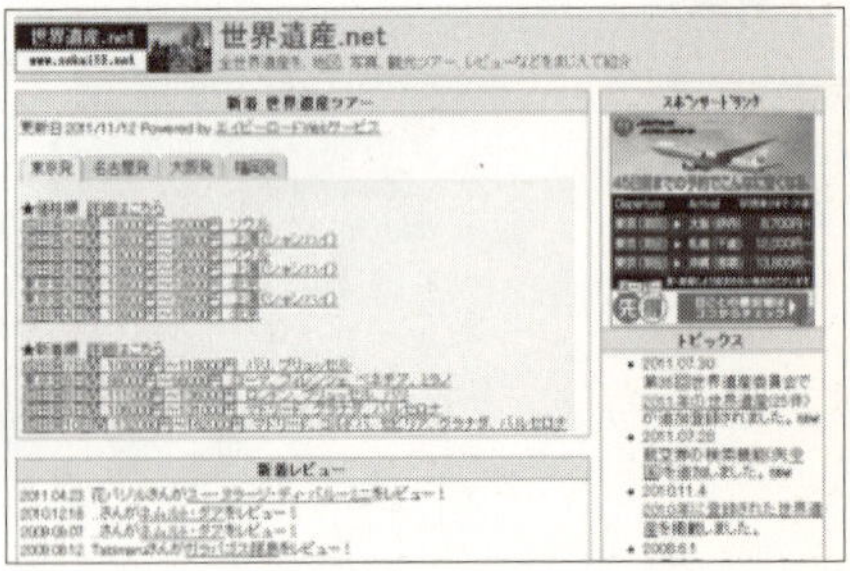

世界遺産.net

URL http://www.sekai13.net/

非常にマイナーな世界遺産までカバーしており、ほかの世界遺産サイトでは見ることのできない写真が多いのが特徴。写真からその写真が掲載されたリンク先に飛ぶこともできる。

航空券・ツアー情報サイト

人よりも格安料金で充実した世界遺産旅行を

　同じような航空券や旅行商品が世の中には山ほどあるが、その中の最安値を知りたい場合に役立つのがここで取りあげる2つのサイトだ。行き先のエリアや国、都市などが決まっていれば出発日などの条件によって、該当する旅行商品を絞り込んだうえに、最も安いものから順番に表示してくれる。ただし、安い場合には飛行機の時間帯が悪い、ホテルのグレードが低いなど、条件がいまひとつのことも少なくないので注意が必要である。

　また、海外の商品を探す場合、近年は燃油サーチャージが航空券本体の何倍もかかるケースがあるので、サーチャージ込みの価格がいくらになるのか知っておいたほうがよい。発売日限定で超格安の商品が出ることもあるので、定期的にウォッチングしておくことをおすすめする。

Yahoo!トラベル

URL http://travel.yahoo.co.jp/

海外・国内のツアーや格安航空券を手配する際、最安値から順に表示してくれるというスグレモノのサイト。掲載点数が多いのが特徴。海外のツアーは予算3万円以内という条件で絞り込むこともできる。

トラベルコちゃん

URL http://www.tour.ne.jp/

海外・国内のツアーや格安航空券を扱う点ではヤフートラベルとほぼ同じだが、燃油サーチャージ込みの値段での旅行商品の比較ができる点などで優れていると言える。

旅人から
見た
世界遺産

エキスパート旅行者ならではの情報が満載

世界遺産は必ずしも行きやすいところばかりでない。日本の世界遺産でも熊野古道や屋久島など、アクセスが不便なところもある。まして海外の第三世界では、旅行そのものの経験とスキルがないと、世界遺産そのものを訪問することが難しいという現実がある。そういうときに何よりも役に立つのが実際にこうした世界遺産に数多く足を運んだ人の体験談である。

ここで紹介するサイトはいずれも自分の体験を織り込みながら様々な世界遺産を紹介しており、実際に現地に足を運んで世界遺産を堪能したいと考えている人には重宝するだろう。

特に「世界遺産イェーイ！」は半分近くの世界遺産をすでに訪問しており、世界遺産リストから、その世界遺産を訪問したときの旅行記に飛ぶことができ、便利だ。

WORLD Moment［世界遺産写真展］

URL http://world-moment.com/heritage.html

300日に及ぶ世界一周旅行をした夫婦による世界一周旅行のサイト、WORLD Moment。そのうち、51カ所の世界遺産をまとめたページ。サイト作成者による5段階評価のおススメ度は参考になる。

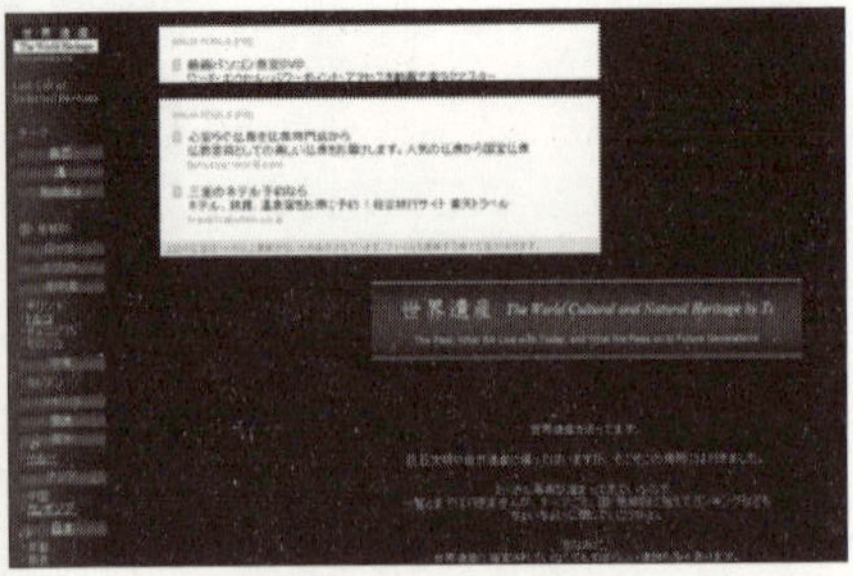

The World Heritage by Ts
世界遺産へ行こう!

URL http://heritage.tuzikaze.com/

こちらも世界遺産をテーマにした個人のサイト。写真が豊富なうえ、アクセスや現地でのちょっとしたヒント など、世界遺産を巡る旅行をするうえで役に立つ。

世界遺産イェーイ!

URL http://sekaiisan-yay.jp/

世界のすべての世界遺産を巡ろうと、世界一周旅行を3年以上続けている夫婦のサイト。すでに全体の半分近くを訪問済みであるというだけあり、実際に世界遺産をまわるためのノウハウが豊富。

航空券・ホテルの現地情報サイト

中・上級個人旅行者向けの充実サイト

個人旅行者の場合、航空券・ホテル・レストランなどの手配を自分でしなければならないし、現地での公共交通機関やレンタカーなどの情報も必要だ。こうしたとき最も頼りになるのが「トリップアドバイザー」と「スカイスキャナー」だ。

「スカイスキャナー」は特に欧州内の路線で格安航空会社などを使って移動するときに、ほぼすべての航空会社のスケジュールと価格が同時に表示されるので重宝する。

「トリップアドバイザー」は投稿者の評価の高い順に、その都市のホテルが表示されるので多くの人から支持され、なおかつ安いホテルなどをすぐに絞り込むことができる。また、エクスペディアやagodaなどのサイトへ直接飛ぶことができるので、こうしたホテル予約サイト間の価格比較が即座にできるというメリットもある。

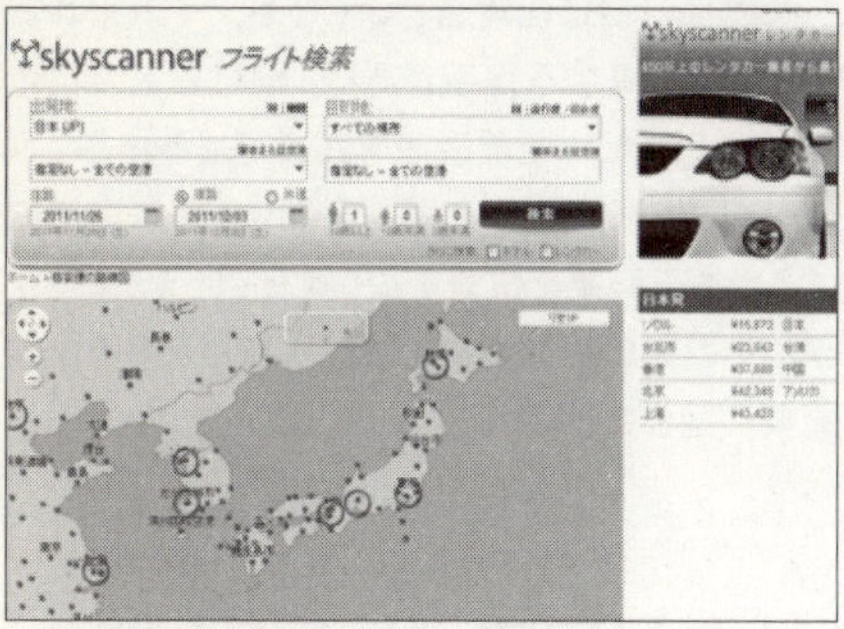

スカイスキャナー

URL http://www.skyscanner.jp/

世界中のほぼすべての出発地からほぼすべての目的地までのLCC（格安航空会社）を含めた航空券の運賃が表示されるサイト。航空券にかかる諸経費込みの金額で表示される点がありがたい。

トリップアドバイザー

URL http://www.tripadvisor.jp/

全世界のほぼすべての観光地やホテル、レストランなどの口コミ情報をまとめたサイト。特にホテルやレストランは口コミの評価の高い順番に並んでいる点が重宝する。ホテル予約サイトにもリンク。

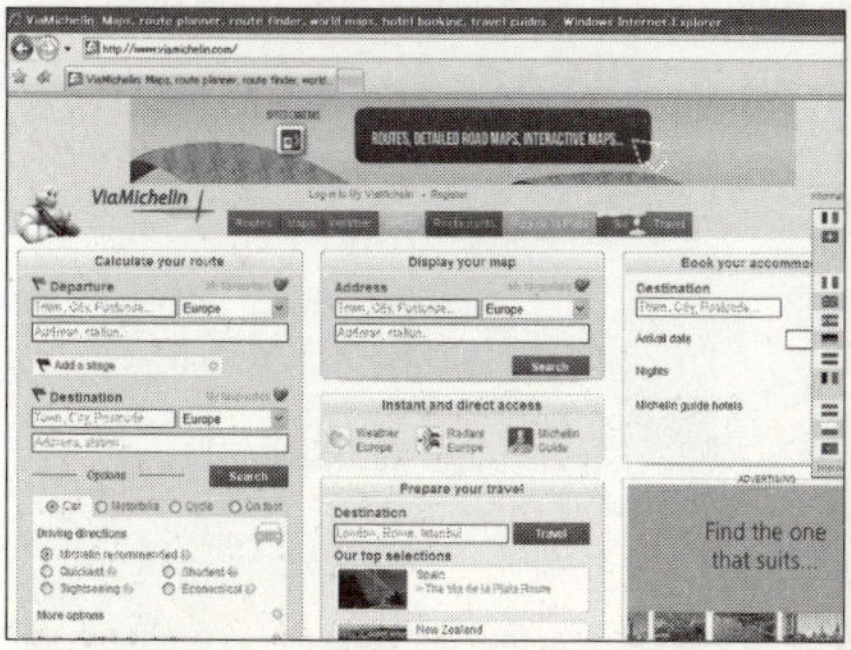

ViaMichelin

URL http://www.viamichelin.com/

グルメガイドや地図で知られるミシュランの旅行サイト。三つ星レストランなどの情報について、出版されたミシュランガイドとまったく同じ内容にもかかわらず無料で閲覧することができる。英語のみ。

ヨーロッパの世界遺産を鉄道で巡るための情報サイト

多くの世界遺産を鉄道で巡るとなると、やはりヨーロッパがおすすめ。
ここでは、ヨーロッパ鉄道旅のための情報集めに有用なサイトを紹介する。

旅の情報はまずはインターネットから

個人で旅をする際、情報集めは不可欠だ。もちろん、代理店へ直接行って情報を集めることもできるが、まずはインターネットで検索をして、各国の事情を調べることが大切だ。特に、テロや紛争などが起こっている（起こっていた）国などは、外務省の海外安全ホームページで渡航情報を調べる必要がある。

また、一口に代理店といっても、それぞれお店によって得手不得手があり、地域ごとの特色も異なるため、「世界遺産を鉄道で巡る」という条件付きの旅行であれば、そのお店が鉄道で旅するために必要な情報を多く持っているかどうかが、その先の手配や旅を順調に進められるかの重要な鍵となってくる。

専門知識を持った会社を利用すべし

ヨーロッパの鉄道に強い手配会社

ヨーロッパ鉄道旅行は手配段階での成否によって、その先の旅の善し悪しが決まるといっても過言ではない。また、ヨーロッパの鉄道手配は非常に複雑で難しいため、特に初心者の方は専門知識を多く持っている手配会社を選ぶことが大切だ。

実際にある話で、同区間を走る、同時刻の、同じ所要時間で走る列車が、席によって３倍以上も値段が異なったりするのだ。こうした情報は、知らない人にはまったくわからない。専門的な知識を持った会社なら、いろいろなチケットのプラス面やマイナス面を熟知しているので、いくつかの提案の中から、きっと自分に最適な乗車券を選ぶことができるだろう。ここでは、特にヨーロッパの鉄道手配に詳しい手配会社のサイトを２つ紹介する。

地球の歩き方トラベル ヨーロッパ鉄道の旅

URL http://rail.arukikata.com/

いわずと知れた旅行ガイドブック『地球の歩き方』の鉄道サイト。ヨーロッパの鉄道に関する、様々な情報が掲載されている。サイト上で様々なレイルパスの販売を行っているほか、東京新宿に「地球の歩き方　旅プラザ」と大阪梅田に店舗もある。ちなみに、店舗スタッフの鉄道手配に関する知識レベルは高く、安心して手配を頼むことが可能だ。

ヨーロッパ鉄道チケットセンター

URL http://www.railstation.jp/

ドイツ鉄道日本総代理店「有限会社　鉄道の旅」のサイト。日本におけるヨーロッパ鉄道関連の情報量では、間違いなくトップを誇り、その情報に裏打ちされた確かな手配は、多くの旅慣れた人たちをも納得させる。日本国内では、ここでしか手配できない特別な列車や座席も多くある。初心者のみならず、旅慣れた人にも非常に有用なサイトだ。

ヨーロッパ鉄道は最新情報が肝心

日本と異なり、ヨーロッパの鉄道は頻繁に状況が変化する。いつの間にかダイヤが修正されて、「列車が調べた時間通りに来なかった！」なんてことは日常茶飯事。つい先月まであったサービスが無くなっていたり、逆に新しいサービスが始まっていたり、その変化は著しい。日本の常識は、現地では通用しないなんてことがたくさんあるといえる。

こうした変化には、常に最新の情報を提供してくれるサイトを日々チェックすることが必要だ。

以下のサイトは、現地から届く最新の情報をいち早く教えてくれるサイトだ。毎日とはいかずとも、旅行が近くなってきたらちょっと目を通しておくと、知っていて良かった情報をいち早くゲットできる可能性もある。

**ヨーロッパ鉄道旅行相談室
～日本初ヨーロッパ鉄道旅行専門家
白川純のブログ**

URL http://blog.livedoor.jp/shirakawajun/

「有限会社　鉄道の旅」社長で、ヨーロッパ鉄道手配のスペシャリスト、白川純氏のブログ。実際にチケットを手配したお客様から、帰国後に受け取った現地最新情報を社長自身が管理するブログ上で公開し、広く共有することが売りとなっている。日本と異なり、現地の事情が頻繁に変わるヨーロッパにおいて、現地からの新鮮な声を読むことができる、大変有用なサイトだ。

**鉄道ネタ満載!
鉄道担当 鹿ちゃんの鉄道ブログ**

URL http://arkatalog.weblogs.jp/railtrain/

地球の歩き方編集部で長年、鉄道関連の書籍を担当する傍ら、手配も担当するヨーロッパ鉄道のスペシャリスト、鹿野博規氏のブログ。販売サイトではないので商品そのものの情報は少ないが、現地の運休情報や新しい列車の紹介、おすすめの鉄道ルートやお得な企画乗車券の情報など、鉄道手配担当者ならではの豊富な知識を基にした最新情報が満載だ。

その他の情報サイトもチェック

**ヨーロッパ鉄道旅行ガイド
（レイルヨーロッパ公式）**

URL http://www.railguide.jp/

日本トップシェアを誇る鉄道予約端末会社、レイルヨーロッパジャパン公式の情報サイト。レイルパスや各列車の詳細など、一般的な情報が掲載されている。

スイス政府観光局

URL http://www.myswiss.jp/

スイス政府観光局の公式ホームページ。鉄道のみならず、多くの観光情報が提供されており、スイス国内の世界遺産に関する情報も掲載されている。

旅の達人たちが教える
がっかり&ブラボー世界遺産

世界遺産座談会

世界各地を旅した達人3名が、これまでに行って後悔した"がっかり世界遺産"を発表!

同時に、行ってよかった"ブラボー世界遺産"も教えます。

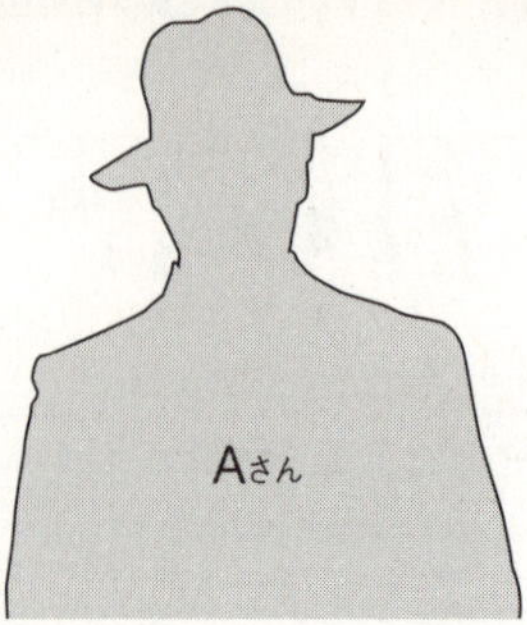

世界遺産訪問マニアのサラリーマン。訪問国は 60カ国以上。年12回の 海外旅行を自分に課す。

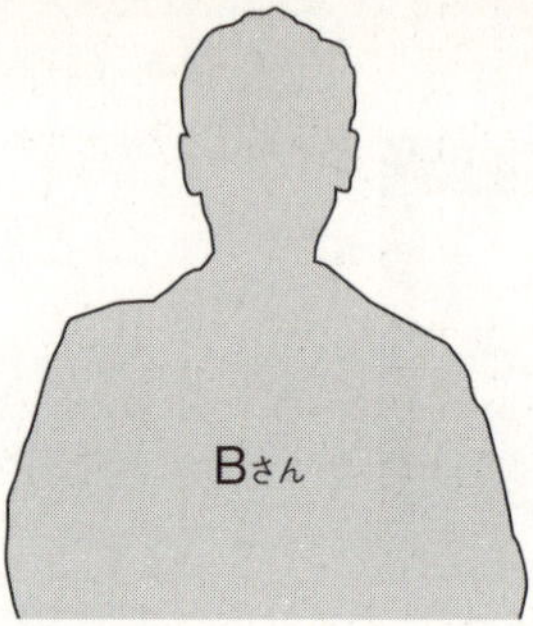

旅行専門誌の編集者。仕事柄海外に行く機会が多く、旅行業界、航 空業界の事情に精通。

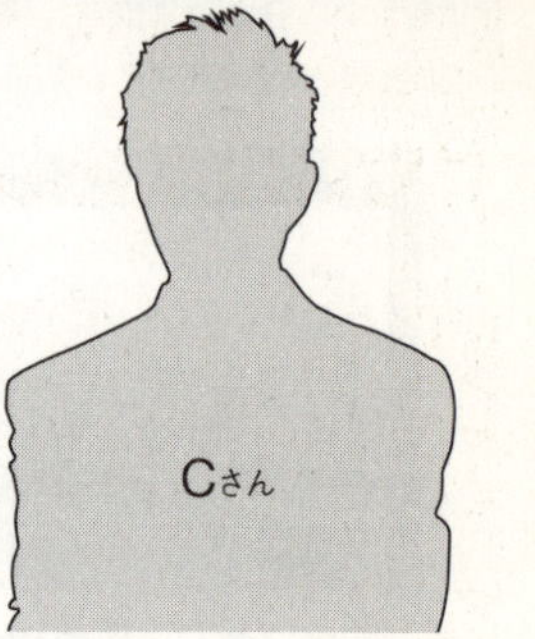

海外旅行大好きのトラベルライター。海外渡 航歴は100回以上で、ANAマニアでもある。

ツアー客が少ない時間帯に訪れるべし

――"がっかり世界遺産"というと、まずどこを思いつきますか?

A　有名なのは、ブリュッセルのグラン=プラスにある小便小僧ですよね。あれは確かにしょぼいから、「これがホントに世界遺産なの?」って感じです。でもがっかりの中にも愛嬌があるので、僕は好きですけどね(笑)。

B　スペインのイビサ島にがっかりしましたね。町を歩いても、何も面白いところは見つからなかった。巨大なクラブがある島なので、ダンスや音楽が好きな人にとっては楽しいんでしょうけど。

C　ラオスのルアンパバンはメコン河が流れていて王宮が見えるんですが、わざわざ行くほどでもないかな、と。ほかでも見られそうな景色ですしね。

A　アメリカ・フィラデルフィアにある独立記念館は、アメリカ人以外が行っても全然楽しくない場所だと思います。アメリカ人なら「ここで独立宣言が行われたんだ」と感慨に浸るんでしょうが、凡庸な建物で世界遺産としては魅力が薄い。オーストラリア・シドニーのオペラハウスも遠くから見るときれいですが、近づくとがっかりです。

B　先日、世界遺産に登録されたばかりの中国・杭州の西湖に行ってきたんですが、写真やテレビで見たイメージとは違いました。景色自体は美しいんですが、観光客が多すぎます。

C　そういう意味では、モン-サン-ミシェルも「江ノ島

スペイン・バルセロナのサグラダ・ファミリア。見るだけだと魅力半減だが、ガイドの説明を 聞くと感動すると、多くの旅行者は語っている。

みたいに混雑していてつまらない」なんてよく言われますよね。実際、昼間に行くと風情も何もあったもんじゃない。でも、人が少ない早朝や夕方の姿は本当に美しいんですけどね。

A　どの世界遺産にも言えることですが、がっかりしないためにはツアー客が少ない時間帯を狙うことが肝心。旅行代理店に置いてあるパンフレットやホームページなどを見て、計画を立てるといいと思います。

——ほかにもがっかりした世界遺産はありますか？

B　本当は価値があるものなのに、こちらの勉強不足ゆえにがっかりしてしまうこともあります。僕は初めてスペイン・バルセロナのサグラダ・ファミリアを訪れたとき、何がいいのかわからなかった。でも、ガウディの本を読んで勉強した後に再訪したときは、本当に感動しましたよ。

A　自然遺産は万人にとってわかりやすいから、がっかりするリスクは小さい。でも文化遺産は、ある程度知識がないと辛いですよね。

C　私はいつも、知識豊富な日本語ガイドに付いてもらっています。世界遺産をじっくり見ようと思ったら、ガイドブックに載っている内容だけでは全然足りないですからね。

——逆に、行ってよかった世界遺産を教えてください。

A　南米にあるエンジェルフォールとイグアスの滝、ロス・グラシアレス。この3カ所は鉄板ですね。エンジェルフォールとイグアスの滝はスケールが大きくて迫力満点だし、ロス・グラシアレスは氷河が水に落ちる姿を見られるレアな場所。アクセスが悪くて大変ですが、わざわざ行く価値はあると思います。

B　僕はクロアチアのドゥブロヴニク旧市街ですね。アドリア海の美しい海と保存状態のいい街並を、山の上から見下ろすことができます。エチオピアにあるラリベラの岩窟教会群もすごかった。岩をくり抜いて造った教会そのものも素晴らしいんですが、高地にあるので見晴らしが抜群なんです。

ノルウェーのガイランゲルフィヨルド

C　街全体が古ぼけているキューバのハバナや、先住民が民族衣装で生活しているグアテマラのアンティグア、猫がたくさんいるマルタのヴァレッタ市街も面白い。街歩きが好きなら、おすすめです。

B　ベタな場所もいいですよね。ピラミッド、万里の長城、マチュ・ピチュ、ノルウェーのフィヨルドなどは、誰が見ても文句のつけようがないと思います。

A　ミャンマーのパガン遺跡のように、世界遺産ではないけれど素晴らしい場所もたくさんある。こうした未来の世界遺産を訪ねるのも楽しいですよ。

観光客が多い杭州の西湖だが、朝早い時間帯に行けば静かで美しい風景を見られる。
夜のライトアップされた風景も美しいので、時間帯を考えて訪れてみるといいだろう。

一生に一度は行きたい

世界遺産150 INDEX

ASIA・OCEANIA アジア・オセアニア

MIDDLE EAST 中東

EUROPE ヨーロッパ

一生に一度は行きたい
世界遺産150 INDEX

AFRICA　アフリカ

NORTH AMERICA　北米

LATIN AMERICA　中南米

Beijing View Stock Photo/アフロ
(P33)
Alamy/アフロ(P34、P74、P75、P143、
P152、P154、P159)
Super Stock/アフロ(P35)
津田孝二/アフロ(P36、P48)
縄手英樹/アフロ(P37)
山口博之/アフロ(P38)
堀町政明/アフロ(P39)
HEMIS/アフロ(P42、P127、P139、
P142)
IMAGESTATE MEDIA PARTNERS
/アフロ(P44)
中村吉夫/アフロ(P46)
アフロ(P47、P79、P82、P124、P127、
P147)
CuboImages/アフロ(P49、P63、P68)
片山悟志/アフロ(P50)
高田芳裕/アフロ(P51、P104)
片岡巌/アフロ(P54)
三枝輝雄/アフロ(P56、P58、P99)
節政博親/アフロ(P61)
David Wall/アフロ(P61)
Bluegreen Pictures/アフロ(P62)
山田佳裕/アフロ(P66)
John Warburton-Lee/アフロ(P70)
MAXX IMAGES/アフロ(P72)
Folio Bildbyra/アフロ(P73)
Pacific Stock/アフロ(P75)
Prisma Bildagentur/アフロ
(P83、P157、P158)
Nik Wheeler/アフロ(P83)
田中秀明/アフロ(P84)
関喜房/アフロ(P85)
Jon Arnold Images/アフロ(P88)
上田孝行/アフロ(P93)
石原正雄/アフロ(P94、P148)
Bill Bachmann/アフロ(P95)
The Travel Library/アフロ(P97)
Christof Sonderegger/アフロ(P101)
Robert Harding/アフロ(P112、P123、
P126)
PHOTOAISA/アフロ(P116)
木村賢朗/アフロ(P122、P123)
First Light Associated
Photographers/アフロ(P122)
HIROSHI HIGUCHI/アフロ(P123)
佐藤昌弘/アフロ(P128)
小峯昇/アフロ(P132)
Albatross Air Photography/アフロ
(P133)
片平孝/アフロ(P137、P145)
F1online/アフロ(P138)
白崎良明/アフロ(P139)
呉明/アフロ(P144)
伊東町子/アフロ(P156)

編集
橋詰久史
九内俊彦
阿草祐己

執筆
栗原 昇
渡辺裕希子
橋賀秀紀
橋爪智之

表紙・本文デザイン・DTP
佐藤遥子

写真協力
ユーレイルグループGIE
（www.EurailTravel.com/jp）

Special thanks
ANA

本書は、2012年1月に小社より刊行した別冊宝島1838『いま本当に行くべき見るべき世界遺産111』、6月に刊行した別冊宝島1871『一生に一度は行きたい世界遺産絶景111』、9月に刊行した別冊宝島1889『鉄道で旅する世界遺産111』に加筆し、再編集して単行本化したものです。

撮影

表紙:Steve Vidler/アフロ

富井義夫/アフロ（表2、P8、P14、P26、P40、P57、P69、P71、P78、P102、P106、P108、P109、P110、P117、P119、P121、P122、P131、P140、P146）
Jose Fuste Raga/アフロ（P10、P52、P55、P67、P87、P113、P130、P143）
SIME Srl./アフロ（P11、P12、P22、P23、P30、P43、P64、P69、P76、P80、P81、P86、P90、P91、P98、P100、P105、P107、P113、P115、P118、P120、P129、P135、P147、P153）
Marka/アフロ（P16）
山本忠男/アフロ（P18）
Photononstop/アフロ（P19）
TARO NAKAJIMA/アフロ（P20）
遠藤徹/アフロ（P21）
Reinhard Dirscherl/アフロ（P24）
Picture alliance/アフロ（P25）
AGE FOTOSTOCK/アフロ（P25、P29、P43、P45、P49、P59、P92、P101、P115、P160、P161）
清水誠司/アフロ（P28）
アールクリエイション/アフロ（P31、P60、P96、P136）

一生に一度は行きたい

世界遺産150

2012年10月31日　第1刷発行

編　者　　別冊宝島編集部

発行人　　蓮見清一

発行所　　株式会社宝島社

〒102-8388

東京都千代田区一番町25番地

電話（営業）03-3234-4621

（編集）03-3239-0400

http://tkj.jp

振替:00170-1-170829　㈱宝島社

印刷・製本　日経印刷株式会社

ISBN978-4-8002-0324-3